山宗水源

中國三江源地區自然地質風貌

一條巨龍從帕米爾高原穿雲破霧，騰躍而來！逶迤五千里撑開霄漢，擠窄天庭，活脱脱盡顯雄姿偉體。這就是矗立在地球屋脊上的千峰之父，萬水之祖——崑崙！而如夢似幻的青海湖依偎着崑崙，是中國最大的內陸湖泊，也是中國最大的鹹水湖。蒙古人叫它『庫庫諾爾』，藏族人稱爲『措溫布』，漢族人眼裏『青藍色的湖』……在遠古先民的想像中，崑崙山是男神，青海湖是女神，崑崙山爲陽，青海湖爲陰，陰陽互濟，天地爲一，崑崙山和青海湖就是江河的父母，這裏就是他們的故鄉，也是中華民族的精神家園……

作爲皇皇巨著《三江源》的開篇之作，本卷《山宗水源》以優美抒情的文字、翔實準確的資料配以大幅面、大氣勢的照片，向讀者展示了三江源地區的主要山脉、濕地、湖泊和河流的雄壯、秀美的面貌。

全國政協常委、國務院參事、中國文聯執行副主席、著名作家馮驥才先生撰寫總序。他動情地寫道：『中華民族感恩於賜予并養育自己生命的母親，但誰把這無限大的報恩之情及其使命交給了一位普普通通的攝影家，并叫他心甘情願地幾乎付出了一生，來表達一個民族的良心與心願？』

出版發行：青島出版社
社　　址：青島市海爾路 182 號 [266061]
本社網址：http://www.qdpub.com
郵購電話：13335059110 0532-85814750 [傳真] 0532-68068754

中國江河流域自然與人文遺產影像檔案

第【壹】部

三江源

本圖集在內容上全景式展示了三江源的歷史由來、地形地貌、山光水色、自然風物、民族習俗、信仰崇拜及人文藝術等方方面面，稱得上是一部沉甸甸的視覺檔案。在攝影的手法上，既是由衷的贊美與謳歌，也是忠實的記錄；在編排結構上，常常采用對比的方式，以呈現三江源近二十年負面變化的真實，具有批判與警醒的意義。

這樣一部巨型的攝影集，應是鄭雲峰辛苦一生的一次總結，同時也表達了他心中强烈的願望，即呼喚所有中華兒女——深愛母親河和保護母親河，爲了她的過去，也爲了民族的未來。

我有幸作爲這部攝影圖集的第一位讀者，情不自禁地想對鄭雲峰——這位當代中國罕見的自然人文的苦行僧深深道一句：謝謝！

馮驥才

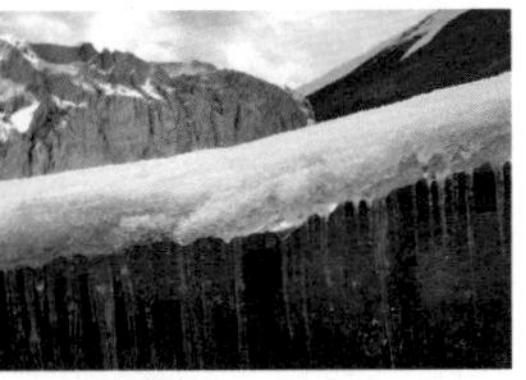
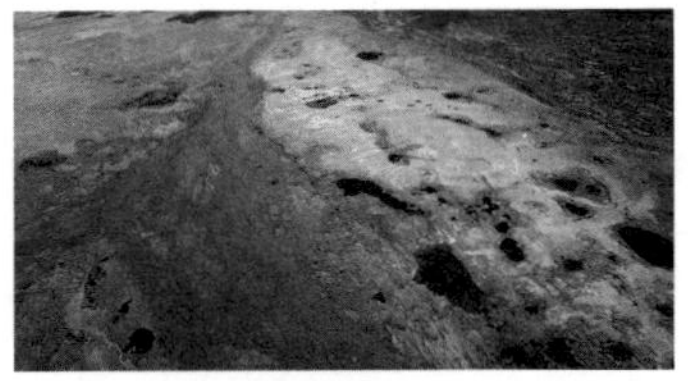
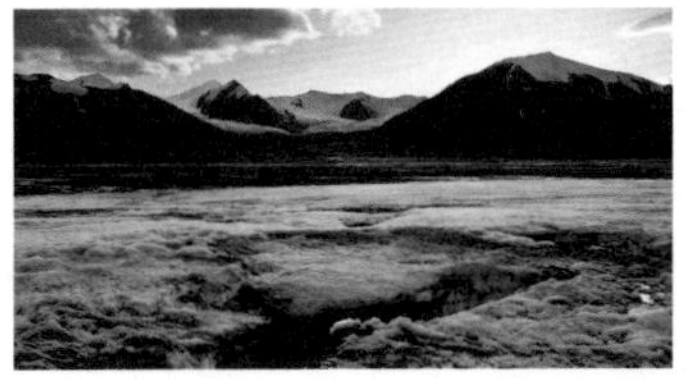
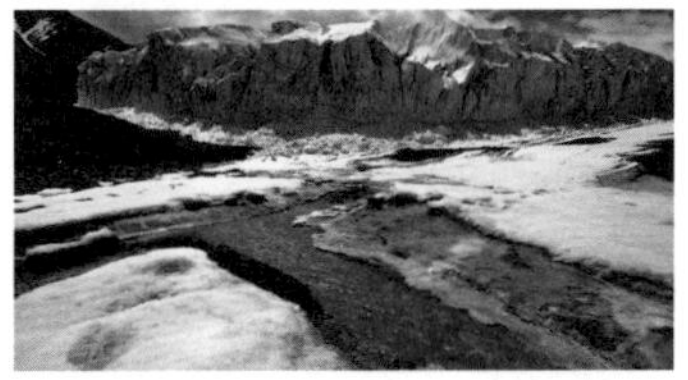
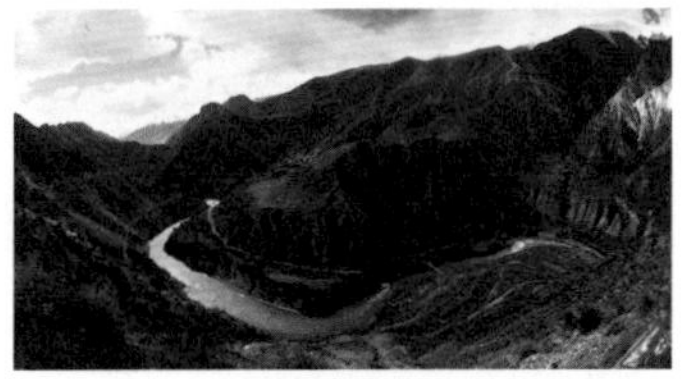
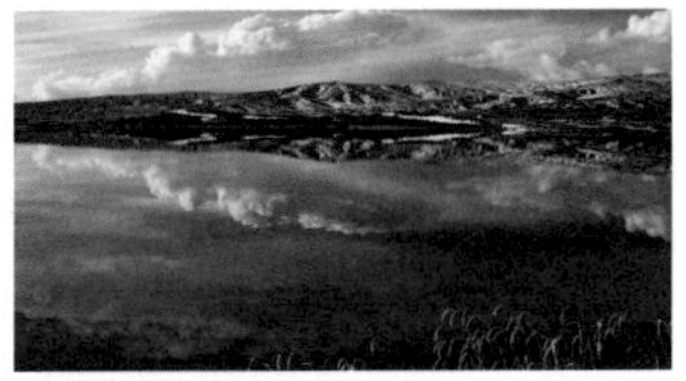
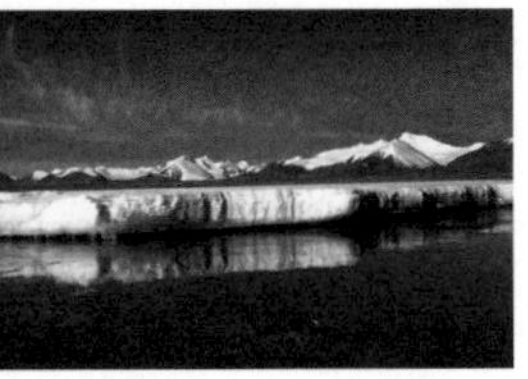
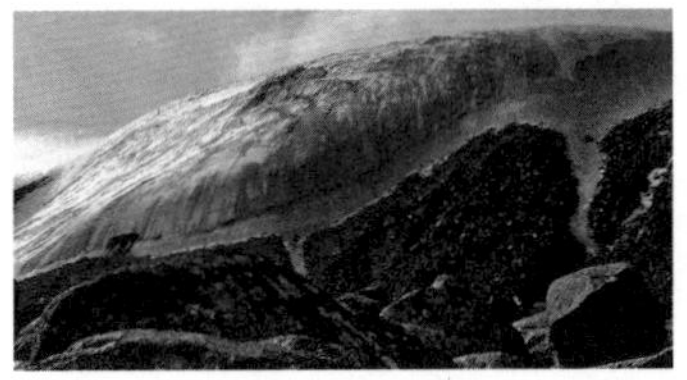
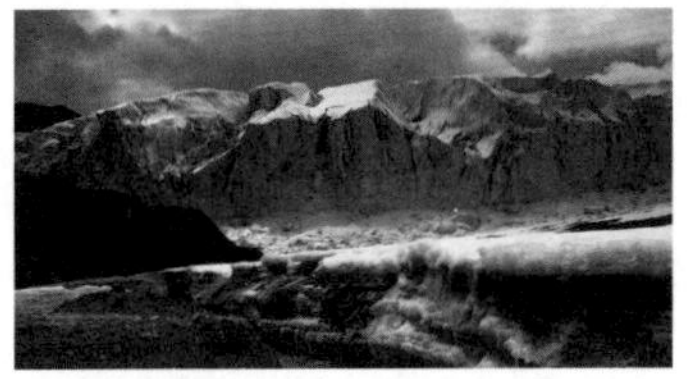
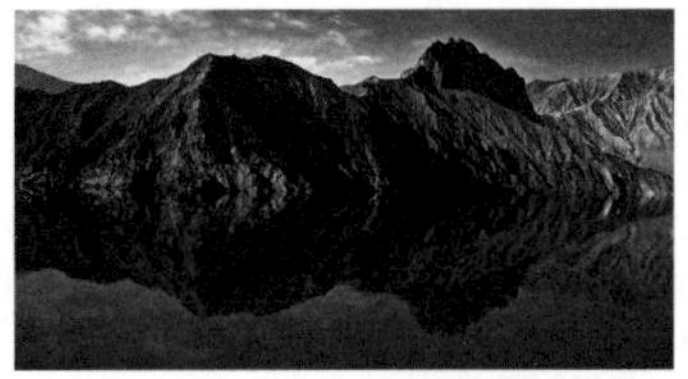
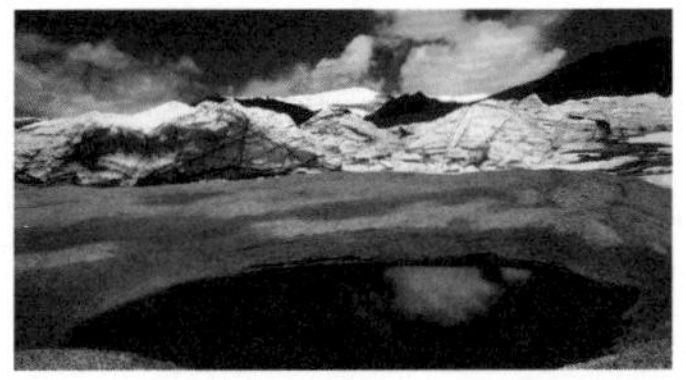
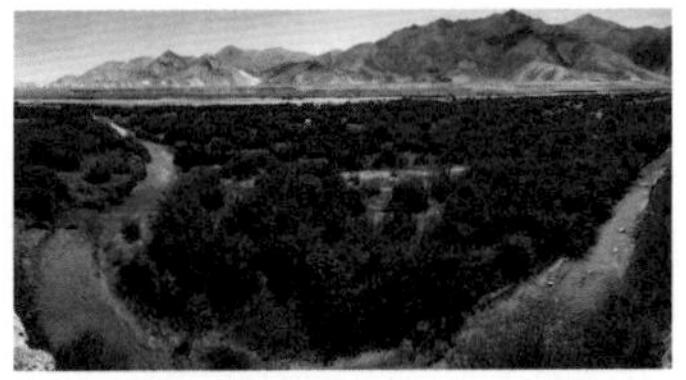
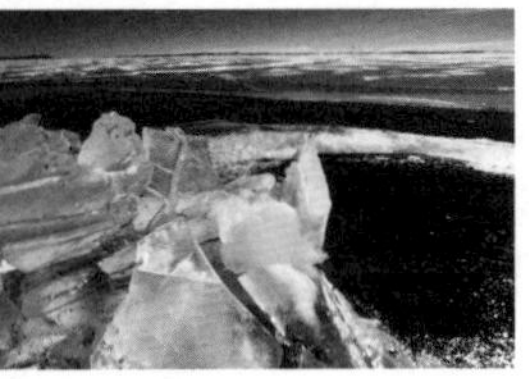
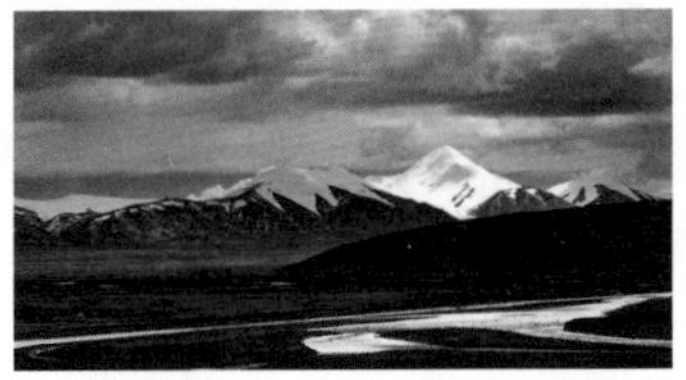
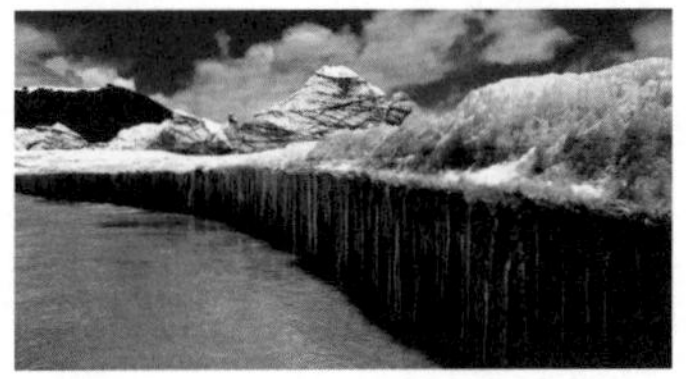
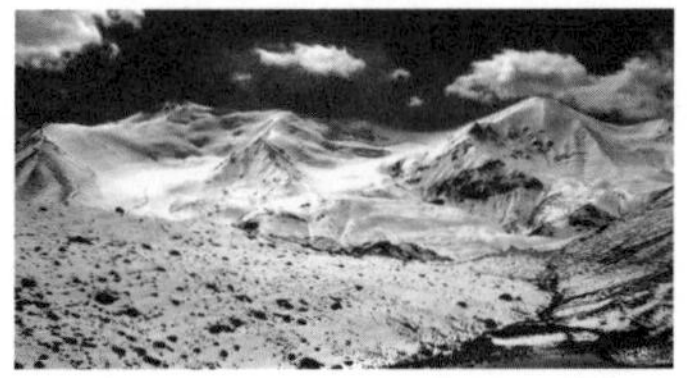
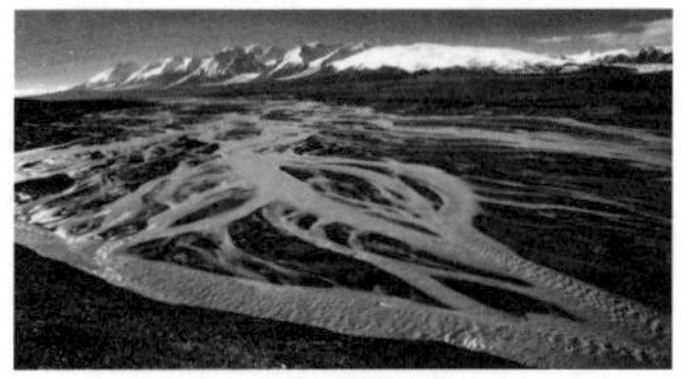
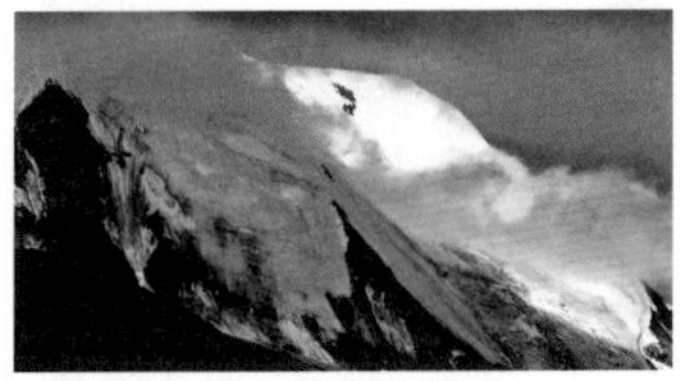
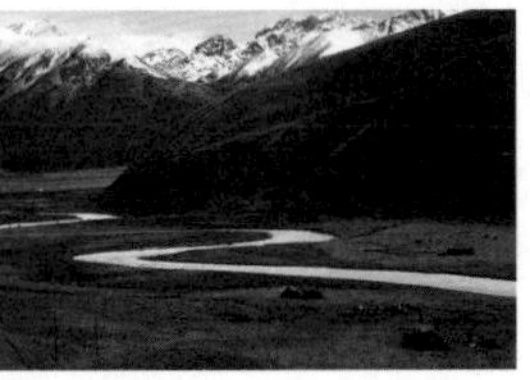
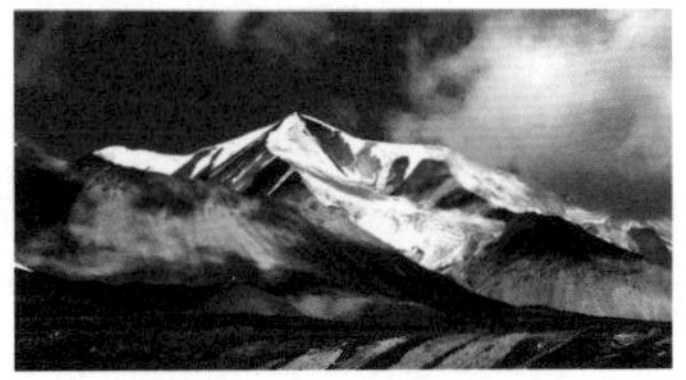
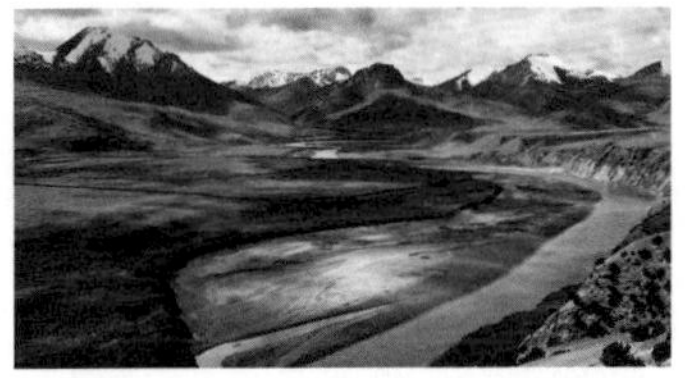
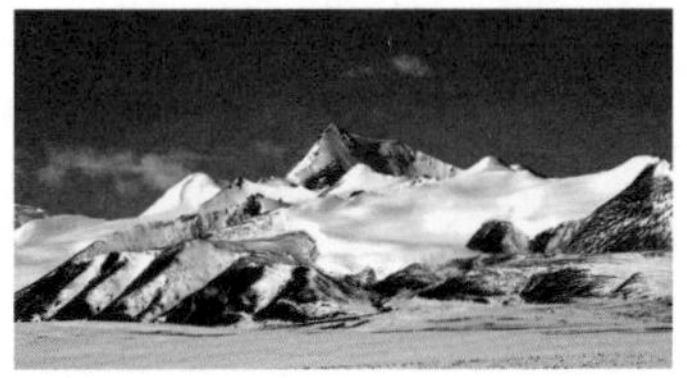
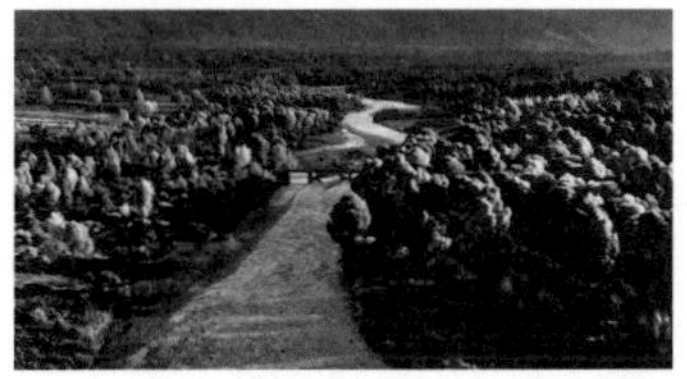
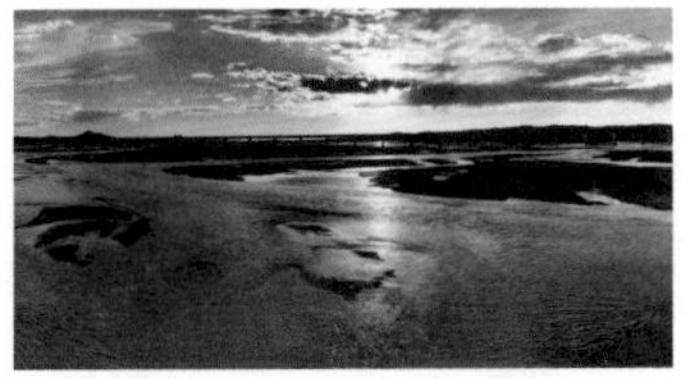
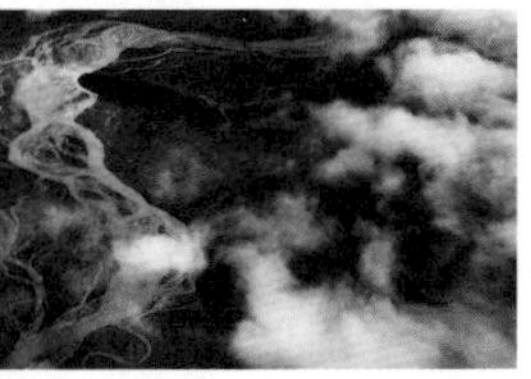
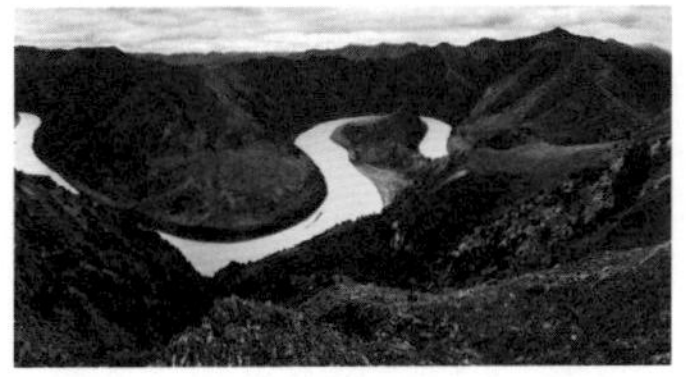
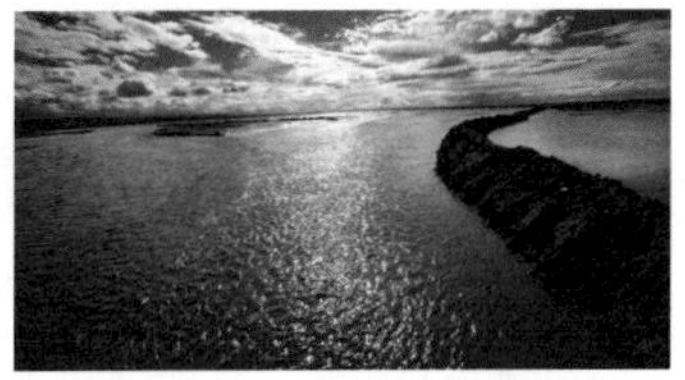
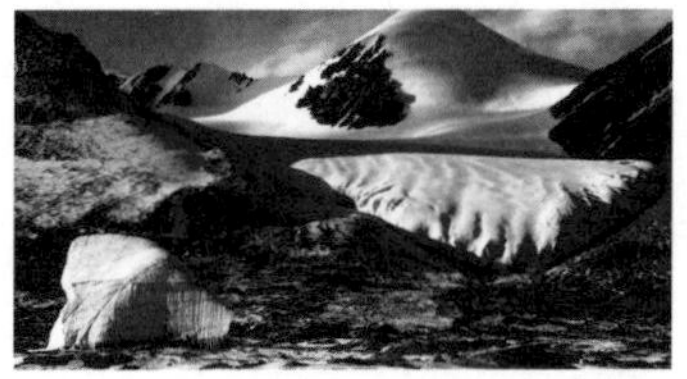
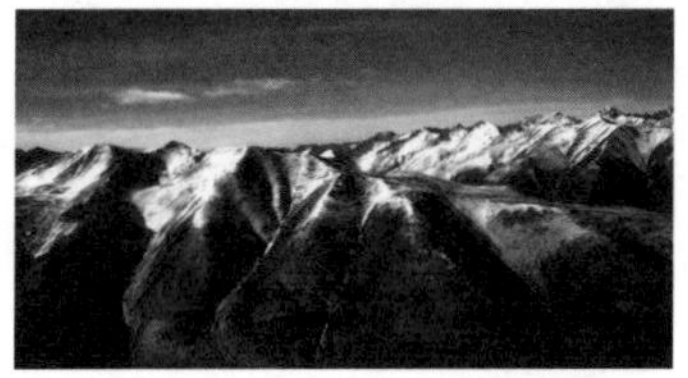
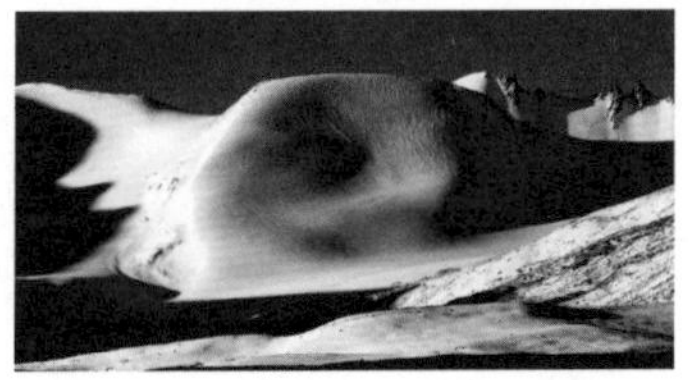

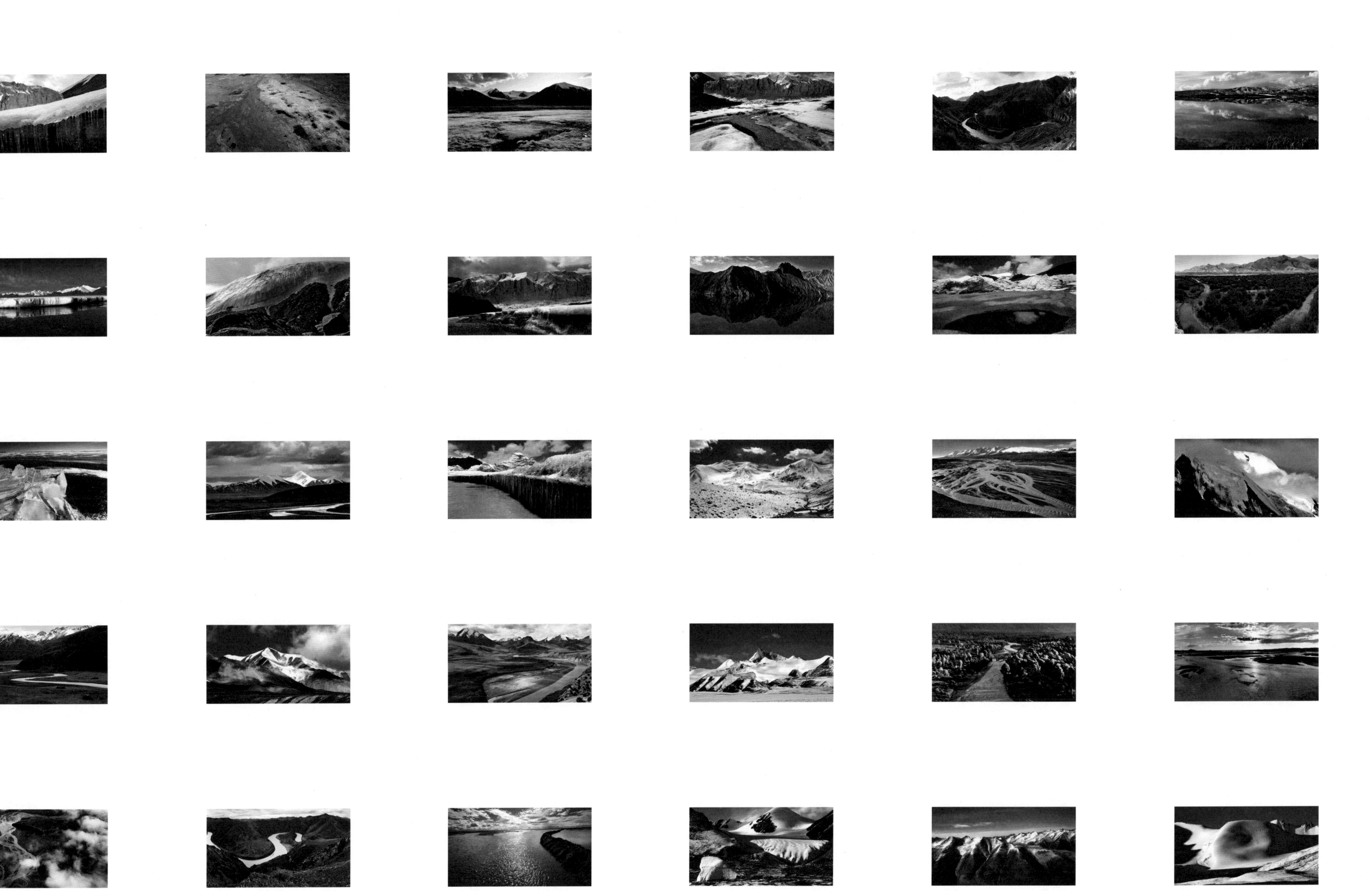

1982——2012

1982—2012

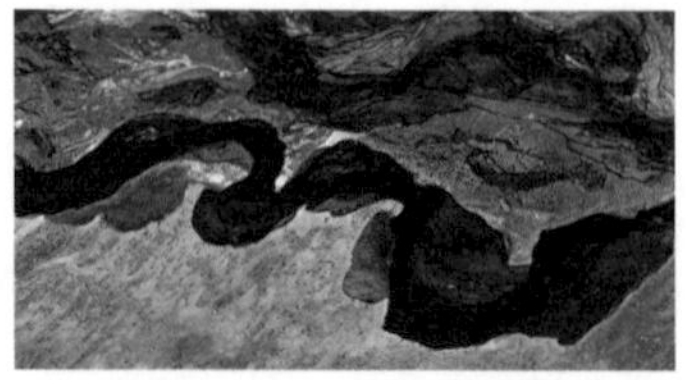

IMAGE FILES
OF
THE NATURAL
&
CULTURAL HERITAGES
OF
CHINA'S RIVER SOURCES

THE
FIRST
SERIES

SANJIANGYUAN

Qinghai-Tibet Plateau and the Headwaters

*

Geological Features of the Area of Sanjiangyuan

Compiler • *BAI Yu ZHENG Yunfeng*
Photographer • *ZHENG Yunfeng*
Text • *GE Jianzhong*

中國
江河流域
自然與人文遺產
影像檔案

第【壹】部

三江源

主編 • 白漁　鄭雲峰
攝影 • 鄭雲峰　撰文 • 葛建中

山宗水源

中國
三江源地區
自然
地質風貌

青岛出版社
QINGDAO PUBLISHING HOUSE

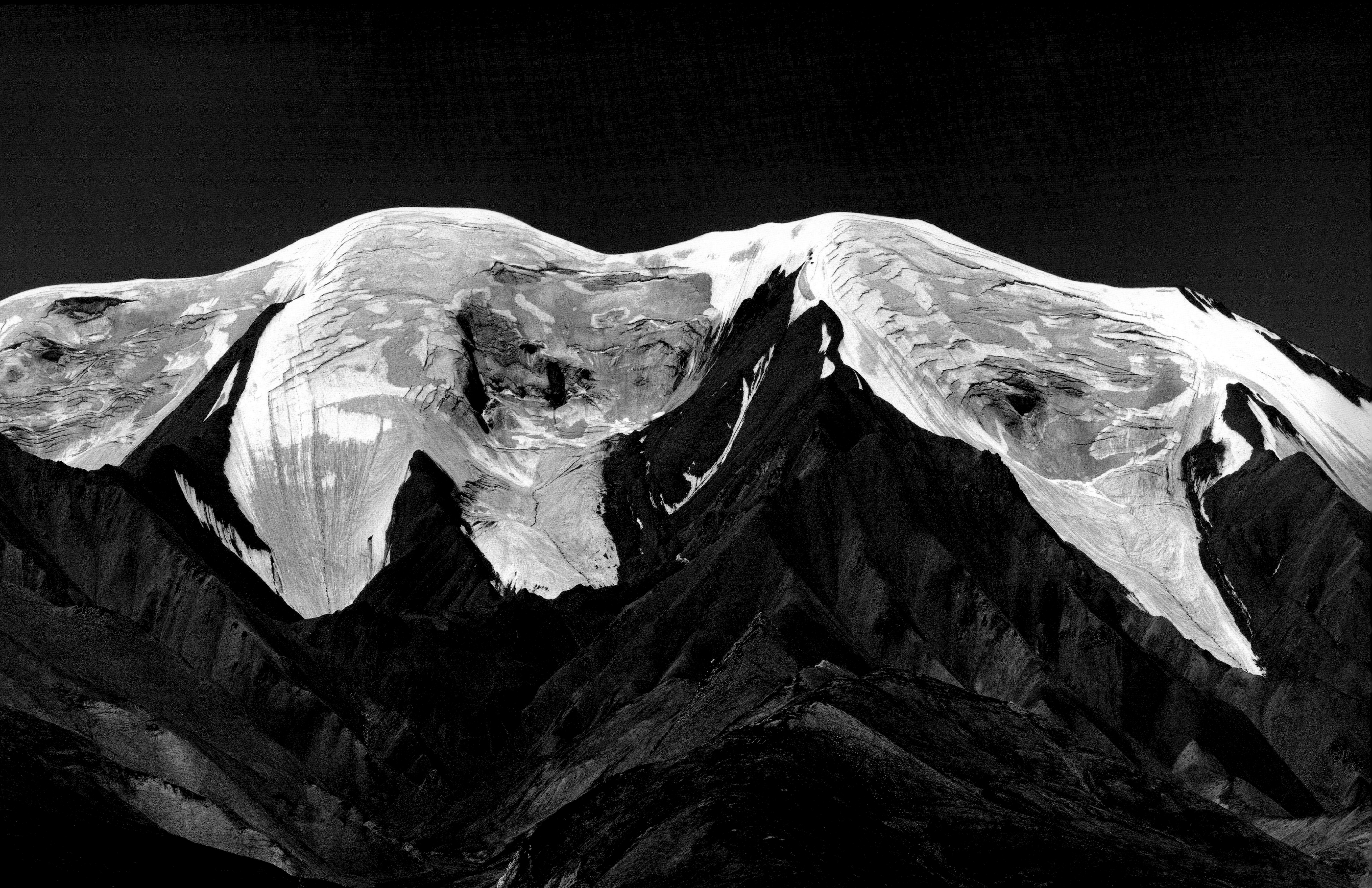

序壹作者

_ 馮驥才

浙江寧波人，1942 年生於天津，中國當代著名作家和畫家。“文革”後崛起爲“傷痕文學運動”的代表作家，1985 年後以“文化反思小說”在中國文壇產生了深遠影響。他的作品題材廣泛，形
已出版各種作品集近百種。作品被譯成英、法、德、意、日、俄、荷、西、韓、越等 10 餘種文字，在海外出版各種譯本 40 種。

馮驥才兼爲畫家，出版過多種大型畫集，并在中國諸多大城市及奧地利、新加坡、日本、美國等國舉辦過個人畫展。他的畫作以中西貫通的繪畫技巧與含蓄深遠的文學意境，被評論界稱
文人畫的代表”。

馮驥才又是當代文化學者。近十年來，他投身於城市歷史文化保護和民間文化搶救，倡導并主持了中國民間文化遺產搶救工程，因而被評爲“（2003 年度）十大杰出文化人物”“（2005 年度）
國城市現代化進程十大人物”“（2008 年度）中國文化人物”“中國改革開放 30 年 30 名社會人物”“（2009 年度）中華文化人物”，并穫中共中央、國務院、中央軍委頒發的“全國抗震救災模範

現任中國文學藝術界聯合會副主席，中國小說學會會長，中國民間文藝家協會主席，天津大學馮驥才文學藝術研究院院長、博士生導師，中國民主促進會中央副主席，全國政協常委，全國政
學習委員會副主任，國務院參事，“國家非物質文化遺產名錄”評定工作領導小組副組長、專家委員會主任等職。

序・壹

一生都付母親河

馮驥才

▼ 壹

生命緣於水。

無論一棵小草還是一片森林，一隻螻蟻還是一個物種，一個村落還是一座城市，皆緣自於水和依賴水。因之，大地上任何民族皆緣起和受惠於大江大河。當歷史學家和人類學家逆時序地上溯到一個族的源頭時，最終一定會迷醉在一片無比壯美的高山峻嶺和冰天雪地之間的江河的源頭裏。

人類的源頭在江河的源頭裏；人類的歷史在江河的流淌中。一旦人類離開了這些江河就必然消亡，所人們稱這些最本源的河流爲——母親河。

東方古老的中國，地勢西高東低，兩條巨龍般的長河自西天奔瀉而下，激涌般地穿過山河大地，東入大海，路浸潤、滋養、恩澤了茫茫萬里中華大地上的生靈萬物。它們就是中華民族偉大的母親河——長江和黄河

中華民族感恩於賜予并養育自己生命的母親，但誰把這無限大的報恩之情及其使命交給了一位普普通的攝影家，并叫他心甘情願地幾乎付出了一生，來表達一個民族的良心與心願？

▼ 貳

這位攝影家便是鄭雲峰。中等偏矮的個子，天生健壯的體魄，充沛的精力，這些都適合於他所痴迷的影專業。特別是他天性豪爽，富於激情，故而頭一次見到長江黄河，便與這奔騰咆哮的大地上的蒼一拍即合，成爲知心與知音。他最初與母親河結緣是上世紀中期，那年他四十歲罷。從那時起，他邊造小舟，入江心，搏巨浪，尋找母親河最爲動人心魄的姿容；一邊背着相機踽踽獨行，逆江而上，盡艱苦與危難，最終進入三江源——長江、黄河和瀾滄江的源頭。他不止一次講述他第一次進入三源的震撼，在那片三十多萬平方公里，人迹罕至的世界裏，一如天國莊嚴而瑰麗的聖地上，他被净化了

於是他大徹大悟，到底是怎樣的天地和境界纔能創造人類與生靈？

他幾乎是用跪拜的姿態拍他當時眼前的一切。攝入他膠片暗盒中的第一組三江源的畫面，誕生

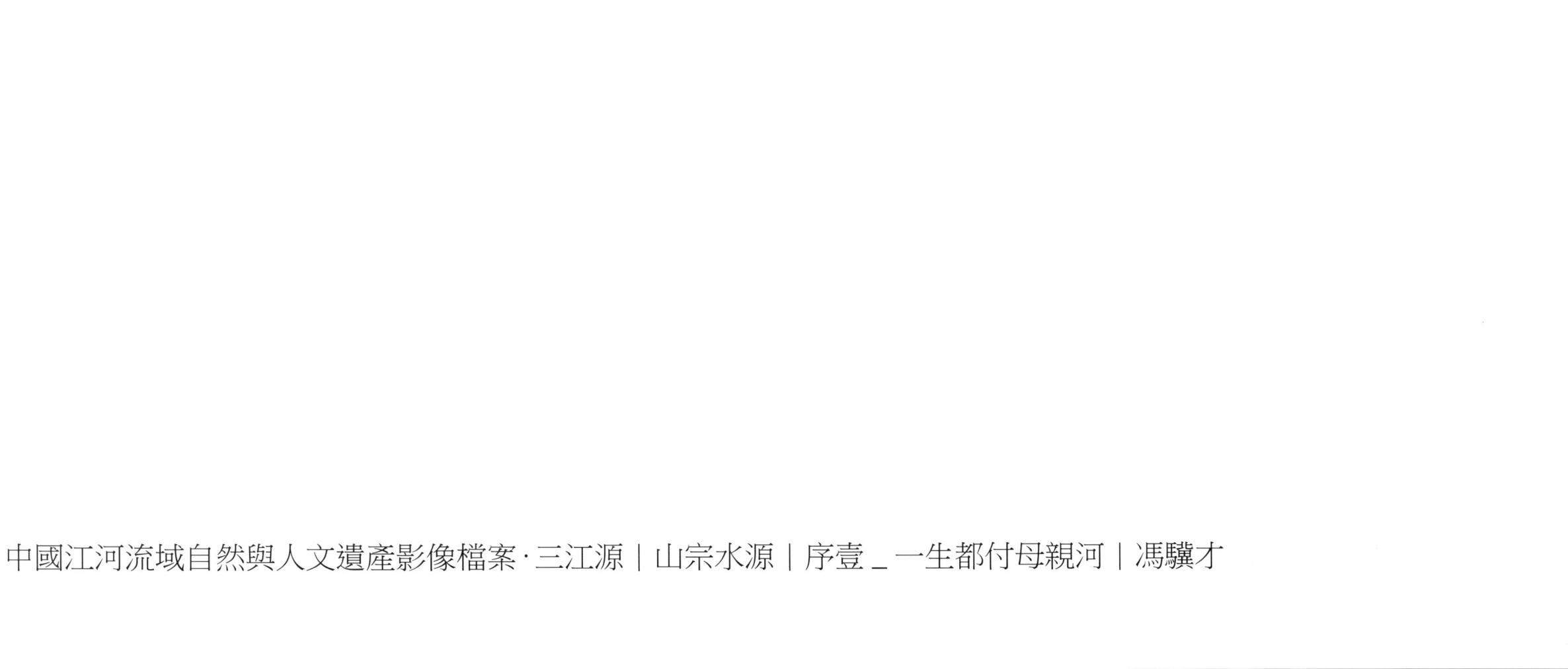

拍攝的三江源是：纖塵未染的藍天，奪目而通徹的陽光，崢嶸的雪山，玻璃般純凈的冰川與湖泊，海樣黑壓壓的森林，肥軟的草甸子間豐沛的清流，成群的珍禽與异獸，原住民天人合一的習俗和人文：這一切都被他的長短鏡頭珍藏了下來。

他早期的作品更像是一首首頌歌：驚喜的，興奮的，激情的，明亮的。他要做的是把他在天國裏尋覓的中華大地母親的模樣，告訴我們。

他做得既單純，又虔誠，又快樂。

▼ 叁

然而，進入上世紀九十年代末葉及至本世紀，鄭雲峰眼前的天國變了。

他每一次千辛萬苦到那裏，惡化的現實都令他驚愕：冰川開始消融，綠草出現枯黃，湖水污染變色，漠氣勢洶洶擴張起來，這緣故除去全球變暖，更多來自人爲的破壞。隨着經濟開發熱潮而來的是淘金熱蟲草熱、伐木熱、開礦熱和獵殺魚鳥熱，這變化讓他感受到撕心裂肺般的疼痛。

然而，他沒有挎着相機掉頭而去，把絕望的現實扔在背後，相反他舉起相機把這一切真實地記錄下來他像當年不遺漏任何一處美一樣，如今他決不放過所有必須正視的現實的醜。

他進入了一個全新的攝影階段，從唯美的，激情的，情感的，變爲審醜的，冷峻的，理性的。用鏡頭實和批判現實的荒謬，同時警示世人關切——照此下去難逃的厄運與悲劇。

這一階段，他在長江的拍攝，也從對大自然的贊美轉向對即將逝去的山水的挽留。他十分清醒地爲長水庫化的過程留下了視覺的檔案。

這樣，他本人便從一個理想主義者轉型爲一個批判現實主義者。

這一轉變出於一種文明的自覺和歷史的責任，因而使他的攝影內涵與價值變得非同尋常。一種嚴峻的調和痛苦的呼叫充溢在他的作品中，特別是將這些作品與他八十年代中期拍攝的三江源比較來看，常使我感到一種震撼與痛楚。

▼ 肆

二十世紀八十年代，由於攝影的迅速發展及普及，人類學者開始使用相機作爲田野調查的手段。直觀的

然而，對於鄭雲峰來說，由於他在自己的母親河的攝影裏注入了記錄現實與記錄歷史的意義，他便更
一位生態學者和文化保護者，他的視角與鏡頭也更接近視覺人類學的理念。這就使他的攝影作品有了
種價值：除去攝影藝術本身的審美價值，還有見證價值、文獻價值与研究價值，而且涉及到生態、環
民俗、遺產等諸多方面。此外，對於社會的文明進步則是一種呼喚、激發與推動。

▼ 伍

前不久見到鄭雲峰，我剛問道：『最近三江源情況怎麼樣，有改進還是更糟？』

誰想到他竟哭出聲來。

哭聲是回答，更像是控訴，控訴我們這一代的無知、野蠻與貪婪，也哭出一位真正知識分子與藝術
的心聲。

我在本文開篇時說，誰把這「對大地母親」無限大的報恩之情及其使命交給了一位普普通通的攝影家
其實沒有誰，完全出於他的自願與志願，出於良知與使命。可是爲甚麼如今我們的良知這麼少而偏偏
命又這麼重？

鄭雲峰今年七十二歲，依然孤自一人端着相機在母親河邊流連。他可以把一生付給了母親河，但他不
能永遠站在那裏。地球是不會完結的，人們還要一代代生存和繁衍下去，可是他的身後——誰是來者

▼ 陸

這裏，一家有眼光的出版機構——青島出版集團從鄭雲峰先生三十年來拍攝三江源的二十餘萬幀作
中，摘取精要，分成十卷出版，取名《三江源》。本圖集在內容上全景式展示了三江源的歷史由來、
形地貌、山光水色、自然風物、民族習俗、信仰崇拜及人文藝術等方方面面，稱得上是一部沉甸甸的
覺檔案。在攝影的手法上，既是由衷的贊美與謳歌，也是忠實的記錄；在編排結構上，常常采用對比
方式，以呈現三江源近二十年負面變化的真實，具有批判與警醒的意義。

這樣一部巨型的攝影集，應是鄭雲峰辛苦一生的一次總結，同時也表達了他心中强烈的願望，即呼喚
有中華兒女——深愛母親河和保護母親河，爲了她的過去，也爲了民族的未來。

我有幸作爲這部攝影圖集的第一位讀者，情不自禁地想對鄭雲峰——這位當代中國罕見的自然人文
苦行僧深深道一句：謝謝！

序・貳

我和三江源

鄭雲峰

▼ 壹

我和三江源的緣分，要從三十年前說起。

那是一九八二年，我還在徐州市委宣傳部工作，一次偶然的青海差旅，讓我有機會到三江源地區走了一遭。那次高原之行很短暫，不過是匆匆一瞥，而且到達之地離長江、黃河源頭還很遠，雖然如此，却對我產生了很大的影響。

那時我正在攝影之路上苦苦摸索，經常陷於無所適從的困惑——到底應該拍甚麼？怎麼拍？攝影的意義是甚麼？三江源地區無以言表的魅力，深深地震撼了我。由於我從小生活在黃河故道旁，對黃河有着很深的感情，所以，在經過一番激烈的思想鬥爭後，我下定決心，要拿出幾年時間，全力拍攝黃河源頭再沿河而下，拍攝黃河從源頭到入海口的完整歷程。當時我的目的很單純，就是想通過拍攝，弄清楚這條大河到底是怎樣塑造了中華民族的性格——這就是我當時爲自己的攝影之路定下的方嚮和基調。

返回徐州不久，我向組織遞交了『關於自費拍攝黃河的報告』。在這份報告裏，我提出了自己的拍攝計劃：用五年的時間，爲母親河留下一份相對完整的影像記錄，至於行程，我粗略估算爲三萬里。

正式出發趕赴黃河源時的心情，記憶至今仍然清晰，我爲此行激動不已。國畫大師李可染先生得知我要去河源，特地爲我題字壯行：『黃河之水天上來，奔流到海不復回』。他還諄諄叮囑我，要『拜牛爲師一步一個脚印，爲母親河寫真立傳』。我把題字刻在一塊石頭上，後來將其豎立在了黃河源頭——約古宗列曲。

▼ 貳

盛夏季節，我開着一輛舊吉普，從驕陽似火的徐州出發，一路奔波，前往黃河源頭所在的曲麻萊縣麻多鄉。

途經瑪多縣，高原給了我一個『下馬威』：天氣忽冷忽熱，忽晴忽雨自不必說，最讓我難受的是强烈的高原反應。一嚮身體强壯的我，竟然頭暈目眩，胸悶氣短，夜不能寐，日不能食，嘴唇皴裂，一說話就冒血絲子。此外，道路的艱難程度也大大出乎我的預料，從瑪多縣城到黃河源頭，不足一百六十

我雖然領略到了高原的嚴酷環境，但也被一種全新的體驗所包圍。

原本在我的想象中，黃河源頭應該是激流奔涌，氣勢磅礴，沒有想到，在那片神秘的土地上，母親就像一個溫順的少女，源頭之水竟是一股股冰雪融化後的小溪流！終於見到了日思夜想了無數次的河源頭，我再也無法抑制內心的情感，趴在地上放聲大哭……

隨後幾年，我又費盡周折，去了萬里長江和瀾滄江的源頭。如黃河源頭一樣，長江源和瀾滄江源帶給的震撼無以言表。我能做的，衹有贊美、膜拜以及不停地按動着手中相機的快門。

從那時到現在，我先後數十次抵達三江源頭。除去扎根三峽，搶拍三峽水庫蓄水之前影像的七年半，基本上每年都會趕赴三江源。幾十年來，我對那裏的自然地理、人文遺迹、宗教文化、民間藝術和風民情等進行了全方位的采訪和拍攝，共計拍攝了二十多萬張照片。

在拍攝的過程中，我切身體會到，三江源不僅是三條著名大江河的源頭所在，更是中華民族賴以生存發展的根基，沒有三江源，就沒有中華民族。而中華文明綿延數千年長盛不衰的堅韌品格，在母親河源就已經顯露無遺。

也是基於這種認識，我在拍攝時有了一種越來越急迫的感覺。因爲三江源的整體環境正在發生劇變，果不能趕快拍下來，子孫後代們就無從知道，滋養了中華文明生命之根的三江源曾經是怎樣的一副貌！至此，所謂的『藝術』對我來說已經不重要了，我回到了攝影最基本的道路上，那就是記錄。

如今，三十年時光匆匆過去，看着眼前數不勝數的照片，而自己依然感覺需要繼續拍下去，我不由得嘆：當年何其輕狂，竟然如此嚴重低估了這項事業的艱難程度和時間跨度！而且，當時的我無論如何沒有想到，這一段夾雜着喜悅、激動也包含着太多痛苦和焦慮的歷程，竟然徹徹底底地改變了我的內使我對所謂『攝影藝術』的認識發生了翻天覆地的變化。

▼ 叁

拍攝三江源的最初幾年，給我震撼最大的，是高原上的偉大生靈和宗教信仰的巨大力量。

在三江源，許多地方都是人類生存的禁區，但那裏却是無數野性生靈的天堂。它們相互依偎，繁衍生與河流、草原、神山、聖湖和諧相處。

在這片高寒之地，生命不僅美麗，而且偉大！無論是在風雨中挺立的野花、野草，還是在大雪中飛奔羚羊、野牛，每一個生命都經歷了無法想象的艱辛和磨難，呈現出一種驚心動魄的美。

西藏沙棘——這是一種生活在貧瘠灘地上的木本植物，衹有幾十厘米高，遠遠望去，就像草一樣，

有一種令人敬畏的生命之美；這種美誘使我一次次地把鏡頭對準它們，也對準更多如沙棘一般在高『奮鬥』的植物和動物……

在三江源，嚴酷的自然環境使宗教具備了更强大的生命力，也更容易被人們所接受。行走在高原的無日夜裏，我時刻都能感受到信仰的力量。

我拍攝過很多瑪尼石堆的照片。在青海省玉樹州結古鎮新寨村，有一座世界上規模最大的瑪尼石堆，裏堆砌的瑪尼石多達二十五億塊！這些數量驚人的瑪尼石，是無數僧人、信徒在長達幾百年的漫長時裏，用雙手一塊一塊雕刻出來，再一塊一塊搬運到這裏并把它們堆砌起來的。沒有人要求他們這麼做一切全都出於自願，出於虔誠的信仰。

瑪尼石上刻着的，是每一個藏族同胞都熟悉得不能再熟悉的六字真言：『嗡嘛呢叭咪吽』。你可以在尼石上看見它們，可以在經幡上凝視它們，也可以在轉山者的口中聽見它們。

在阿尼瑪卿雪山脚下，那些絡繹不絕的轉山者，有的一人獨行，有的全家出動，冒着風雪嚴寒，用幾天、一個月甚至更長的時間，一步一個長頭，用身體丈量着神山的周長。他們轉山，不僅僅是爲了自己和家人祈福消灾，更是爲了向這聖潔的神山表達無上的尊崇和敬畏。

三江源濃厚的宗教氛圍深深地吸引了我。從一九八五年至今，我幾乎走遍了三江源區的大小寺院，拍了相當豐富的宗教活動及習俗照片，和許多僧人、信徒成了好朋友。

在冬天的黃南州同仁縣，我拍下了茫茫大雪覆蓋下的隆務寺，那巨大的寺院呈現出一種潔净悠遠氣息，讓人聯想到天國的一塵不染；在湟中縣塔爾寺，我拍下了正在製作酥油花的僧侶，數九寒天他們把雙手浸泡在冰凉的水中，衹爲塑造出巧奪天工的花朵，供奉於佛前；在互助縣佑寧寺，我拍下在法樂伴奏下唱咏《護法經》的喇嘛，拍下了從四面八方冒着大風雪趕來『觀經』的土族民衆……

▼ 肆

二十多年前的一個夏天，我在瑪沁縣雪山鄉碰到了下山采購生活用品的先加。先加請我喝他隨身携帶青稞酒，并邀請我去參觀他的牧場。我們素昧平生，先加的熱情令我十分感動。

先加的牧場在阿尼瑪卿雪山主峰——瑪卿崗日的脚下，這裏海拔五千八百米左右，到達那裏很不容易

我曾經跟着先加和他的大兒子一起去放牧。那是一個大雪天，十分寒冷，他們趕着四百多隻羊和一百頭牦牛走在路上，羊的顔色和天地間的白色混在一起，幾乎無法分辨清楚。風把雪粒摔打在人的臉上又冷又疼。我穿得很厚，仍然凍得渾身哆嗦；但談笑自若的先加穿着仍和往常一樣，簡簡單單一藏袍。

中國江河流域自然與人文遺產影像檔案·三江源 | 山宗水源 | 序貳 _ 我和三江源 | 鄭雲峰

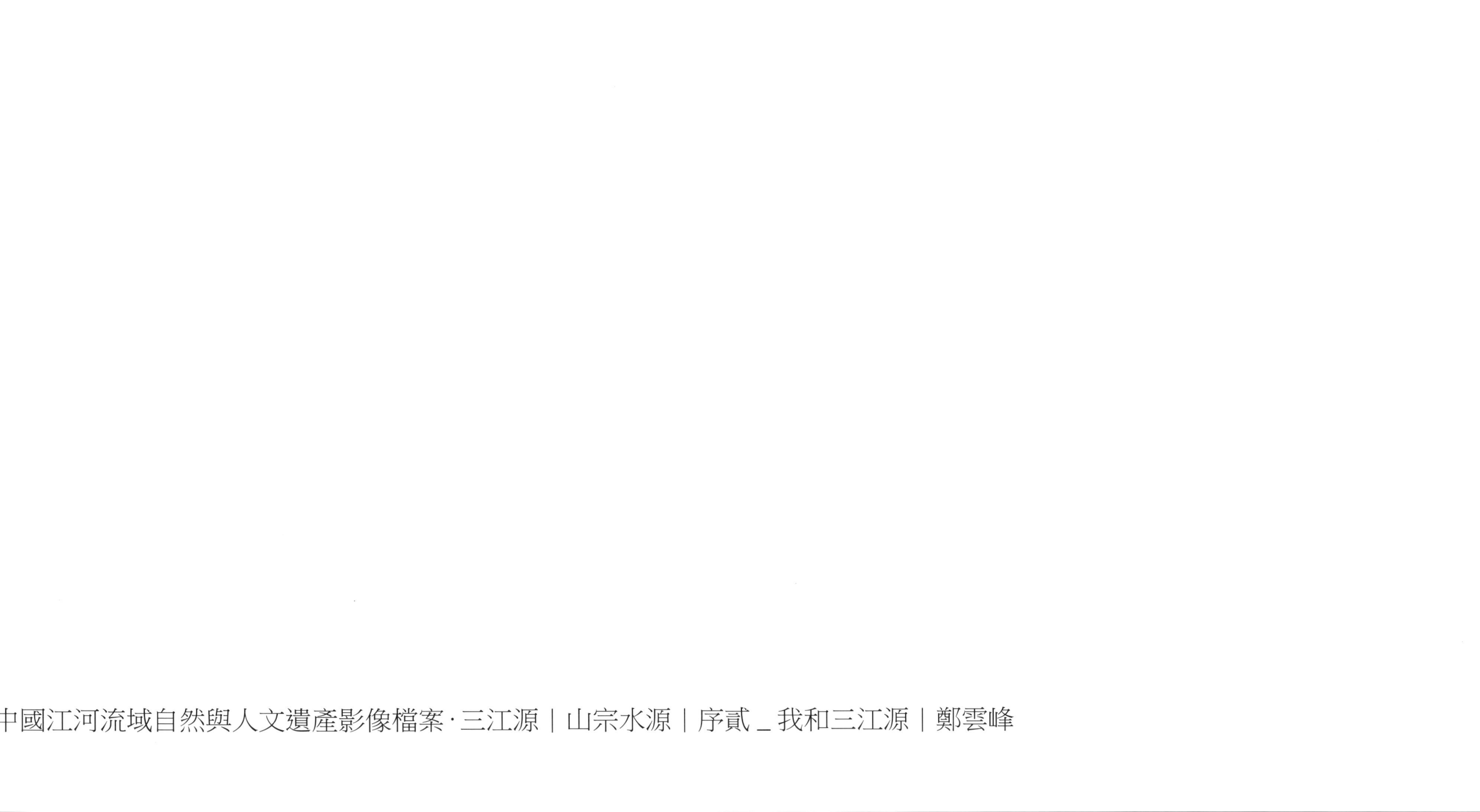

去：一排冰挂從上面垂下來，在洞口形成一道天然的冰簾。透過冰簾，湛藍的天空中，除了潔白的雲朵不見一絲雜色。陽光照在冰挂上，幻化出五彩的顏色。冰涼的融水滴滴答答，在地上匯成股股細流。

先加告訴我，我所見到的冰川不過是阿尼瑪卿冰川微不足道的一角；從他記事起，這些古老冰川的模一直沒有發生過太大變化。

從冰川返回時，一個藏胞與我們擦肩而過，他目不斜視，神情肅穆。先加說，那是前往雪山高處朝拜神的信徒。我盯着那人的背影看了很久，直到他走出我的視綫。

在先加的帳篷裏，我一共住了八天。壯觀美麗的阿尼瑪卿，巨大的冰川，擦肩而過的信徒，風雪中的牧，艱辛而又充滿樂趣的生活，以及先加待我如兄弟般的熱情，都讓我永生難忘。

▼ 伍

在將近三十年的時間裏，我幾乎走遍了三江源的每一個地方。許多地方都不止一次去，但每次去，都感覺有所不同。一切都改變了！曾經出現在我照片中的那些身影和面孔，兒童都已長大成人，結婚子；青年變成了壯年；而當年的壯年已變成白髮蒼蒼的老者……草原和雪山的容貌也變了，變得認出來了。不錯，人們的生活越來越好，住上了更好的房子，有了電視機、摩托車甚至汽車，但三江源的生態環境卻變壞了。這種矛盾的感覺，讓我的內心越來越沉重。

二〇〇五年八月，我帶着二十年前拍攝的照片去尋找先加。

先加雖然還是在瑪卿崗日峰下放牧，但已經過上了定居的生活，住進了堅固的磚瓦房，他的兩個兒子已經結婚生子。我遍視四周，不見先加的妻子才保，先加說：『她背水去了。』二十年前，她背水衹走上幾十米，現在卻必須走兩三里路，因爲附近已沒有可供飲用的水源。

我拿出了二十年前的照片，請先加帶我再去看一看，先加盯着那些照片，一邊看一邊嘆息：『濕地沒冰川小了，好多地方不是這個樣子了……』

我難過得長久不語。

當年豐美的草場上，現在到處都是鼠洞。先加說：『草沒了，沙多了，老鼠出來了。』在先加的住所近，我特意數了數：一平方米內竟有二十六個鼠洞！迅速繁殖的鼠兔改變了草原的土壤結構，破壞了層鈣積土，繼而破壞了植物生長，水土保持，形成『黑土型』草地，最終加速了土地的沙化。

瑪卿崗日峰下，白水河渾濁不堪，而在二十年前，但凡河水漫過之處，魚兒、石頭、砂礫都清晰可見

中國江河流域自然與人文遺產影像檔案·三江源 | 山宗水源 | 序貳 _ 我和三江源 | 鄭雲峰

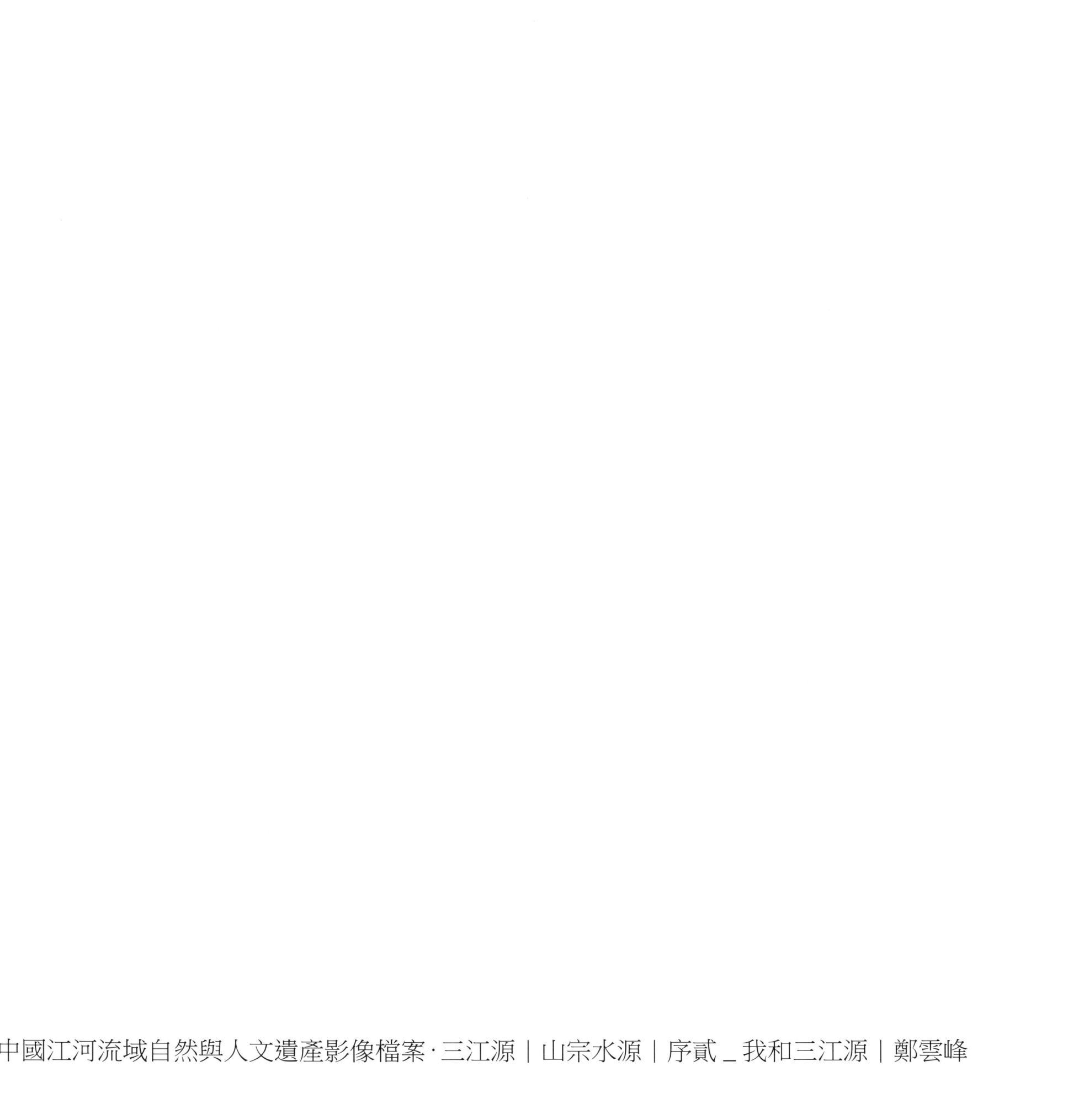

『嗐，別說將來，現在還不是守着「水塔」到遠處背水喝？』

許多事物都改變了……

也有不變的——先加還是喜歡對着鏡子拔鬍鬚。二十年前，我見先加用手拔鬍子，就送給他一把剃刀；二十年後，先加仍然在用手拔鬍子，他說用不慣剃鬚刀。先加還是用酥油將黃蜜臘、紅珊瑚、綠石粘在山石上，向神山表達他的虔誠。先加還是不停地告誡外地來的游人：『不要亂丟垃圾，不要弄聖水；聖水沒了，一切生物就都沒了！』

辭別先加，我帶着沉重的心情來到鄂陵湖與扎陵湖畔。

兩湖間，一些海子已經乾涸。鄂陵湖畔，我把鏡頭對準死於不明原因的湟魚，欲哭無泪。而在二十年前被我收進鏡頭的是人們晾曬在湖邊的千萬條暗紅色的湟魚乾，還有遠處碧波蕩漾的湖水。

新拍出來的照片上，草地還增添了一種醒目的黃色，不知情的人或許會覺得很美，但實際上那是草場化的證據，是『美麗的謊言』。

青海湖也是如此。二十多年前我拍攝的青海湖照片，畫面上的湖水呈現一片青藍色；如今的青海湖水有些地方却五彩斑斕——那是浮在湖面上的一片片藻類，顯然，水質變壞了。岸邊沙丘的規模也越越大，與之相應的是，近二十年來，湖面的面積萎縮了一百多平方公里。

有人預測，青海湖的宿命是成爲第二個羅布泊，我祈禱這僅僅是個預測，永遠不要變成現實。

▼ 陸

二十多年前，我在花石峽候車時遇到一位從外鄉回家的藏胞。我問他在外面最想念甚麼，他說：『雪山冰川、草原、牛羊和家人。』我又問：『難道雪山比家人還重要嗎？』他說：『當然，沒有雪山冰川來的草原？沒有草原哪來的牛羊？沒有牛羊哪有人？』

在三江源拍攝的日子，這句話長久地在我心頭縈繞，讓我深刻地理解了三江源，也理解了三江源人與片土地生死相依的關係。幾十年來，我一直努力在照片中表達這種人與家園之間的關係，而且愈發堅了自己的信念：攝影應該負有更深層次的責任和使命，那就是忠實地記錄和展示真實，讓更多的人去識三江源，愛上三江源；爲保護三江源，保護『中華水塔』乃至保護地球家園，盡自己的一份力量。

近年來，國家和地方政府加大了環境保護力度，退牧還草，使三江源的環境有所改善。对此，我很欣慰也希望這裏的生態環境越來越好。

作爲一個攝影人，我用幾十年的時間，盡自己最大的力量，用相機記錄了三江源的美麗與變遷，

三江源早已成爲我心靈的家園。

著名作家汪曾祺曾說過：『人總要把自己生命的全部精華都調動起來，傾力一搏，像干將、莫邪一樣，自己煉進自己的劍裏，這，纔叫活着。』我把自己『煉』進了這些照片裏，我覺得值了！

藉此十卷本《三江源》影像檔案出版之際，我要感謝幾十年來每一個給予我真誠幫助的人：

感謝已故的恩師李可染先生，希望我取得的這一點成績沒有愧對大師當年對我的鼓勵和厚望；感謝江省委宣傳部、徐州市委宣傳部的老領導們，尤其是梁勇先生、徐毅英女士，沒有你們的理解和支持，不可能在攝影之路上走得這麼遠；感謝馮驥才、鄭度、葛劍雄、林少華、羅桑開珠、霍巍、喬曉光、青、石碩、王魯湘、白漁、王川平等學者、作家，或爲本書創作精彩序文，或提出許多中肯的意見，我獲益匪淺。

感謝青島出版集團和董事長孟鳴飛先生，你們高屋建瓴，眼光深遠，以極大的魄力和耐心編輯、出版書，爲保護三江源生態環境，爲弘揚中國傳統文化作出了不懈努力和卓越貢獻，令我十分感動！

還有更多的朋友，篇幅所限不能逐一列舉，在此一并致謝！

當然，個人的精力和認識是有限的，這套書終究無法將三江源的魅力毫無遺漏地展現出來，挂一漏萬所難免。這些遺憾，留待更多的有識之士共同彌補罷！

最後，我要向我的精神家園——三江源深鞠一躬：感謝你懷抱裏的每一座山，每一條河，每一片草原每一個生存其中的生靈，是你們讓我的人生有了意義，我愛你們！

二〇一二年十二月

目・錄

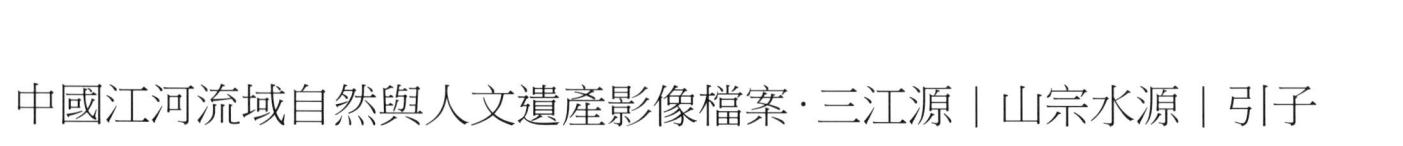

引·子

三江源地處青藏高原腹地，是世界著名大河——長江、黃河與
滄江的源頭所在，三條大河從這裏出發，奔流入海。作爲一個
區概念，三江源包括了玉樹、果洛、海南及黃南四個藏族自治
的十六個縣，及格爾木市唐古拉鎮，總面積達三十一萬八千平
公里，占青海省總面積的百分之四十四點一。也正因如此，人
一提到三江源，習慣上就會把它和青海省等同起來。在這片平
海拔四千米以上的廣袤區域裏，群山雄峙，河流如織，湖泊密布
草原如海，在中國地理、經濟和文化中具有不可替代的重要意義
億萬年的地質演變賦予三江源地區高拔、神秘、險峻、奇絕的
麗風景和獨特性格；在中國西部的茫茫大荒之中演繹着『山宗

中國江河流域自然與人文遺產影像檔案·三江源 | 山宗水源 | 壹＿昆侖大家族 | 攝影＿鄭雲峰 | 拍攝年代＿1982－2012

▼望昆侖：祭獻祖山的咏嘆

一條巨龍從帕米爾高原穿雲破霧，騰躍而來！匈奴語稱它『橫山』，可不是，恰如一條長龍橫空出世，逶迤五千里撐開霄漢，擠窄天庭，活脫脫盡顯雄姿偉體。

這就是矗立在世界屋脊上的千峰之父，萬水之祖——昆侖！

本以爲它偉岸高峻地雄踞於地球之巔，空中俯瞰，却不見峭拔、突兀，祇有起伏的山丘，大海般的廣闊；嶺與嶺之間很少裂谷；溝與溝之間不見陷痕；千山萬嶺仿佛携手高高崛起，宛然天成的整塊巉岩巨壁；雲天近在咫尺；星辰如在目前。高峻若是，却令人敬慕而不生畏懼；廣袤若是，却不因養育江河而稍自矜。平地就是五千米！如此雄貌，是世上多少險峰無法企及的高度。

不親歷不知世上真山面目：山愈高却愈不顯其高；偉岸的真義往往寓於平凡。

它雄踞亞洲中央，如同一道屏障，慷慨無私地付出，保護、養育着它的華夏子女；它仍充滿青春的激情，億萬年不見衰老，從未有一秒鐘停止隆起厚重的脊梁，哪怕這脊梁經受着億萬年歲月的剝蝕、切割，火衝騰煎熬……把宇宙間永恒的堅韌精神，帶給人間，賦予子孫同樣的精神基因，在他們的血脈裏永鎸刻上這巨龍的圖騰，并護佑着他們千秋萬代。

各拉丹東宛如龍角般高高揚起，那麼突兀、鋒鋭，閃射着凛凛氣勢；裸岩、冰川、雪坡猶如巨龍的灼鱗甲，一片片、一排排鮮亮耀目，又像萬面銅鏡，上映天，下澈地，迷幻着時空的醉眼；巴顔喀拉如龍蒼蒼，忽而蜿蜒伸曲，忽而悖動騰挪，駕着繁花草野的七彩祥雲，百態畢現；阿爾金山張開『龍爪』捺壓着戈壁黄沙；祁連山團結峰，如巨龍將一顆寶珠托舉頭頂之上，城鎮、古堡、寺院、帳篷和牛羊，就是陽光照在巨龍鱗甲上的點點光芒？青海湖如一隻玉兔伏在巨龍脚邊；西海瑶池是天賜的一觚美酒奉獻巨龍的面前；南秦嶺、北賀蘭正像兩條幼龍，纏繞依偎在巨龍的身邊。

品不盡昆侖的魅力，『龍的傳人』，這定義何等貼切！昆侖，華夏兒女怎麼也割捨不去的祖脉；聖潔生命火種；中華民族的力量之源；生發各民族兒女性情的根源所在！

搜盡詩歌之林，竟找不出恰當的詩句來形容它，文墨如此無力，詩歌更顯多餘。古今能有幾個詩家客，真正投入它的懷抱感悟過它横絶的氣勢？想來參山面聖也不過徒留喟嘆：昆侖唯一昆侖，祖山就祖山！

▼衆山捧聖：昆侖的子胤

昆侖山橫亘在世界屋脊之上，雄踞於地球之巔，有『亞洲脊柱』『萬山之宗』『國山之母』的美譽。

東西綿延兩千五百多公里，平均海拔五千五百多米。其山可分西中東三段，延長達一千三百公里的

中國江河流域自然與人文遺產影像檔案·三江源 | 山宗水源 | 壹_昆侖大家族 | 攝影_鄭雲峰 | 拍攝年代_1982–2012

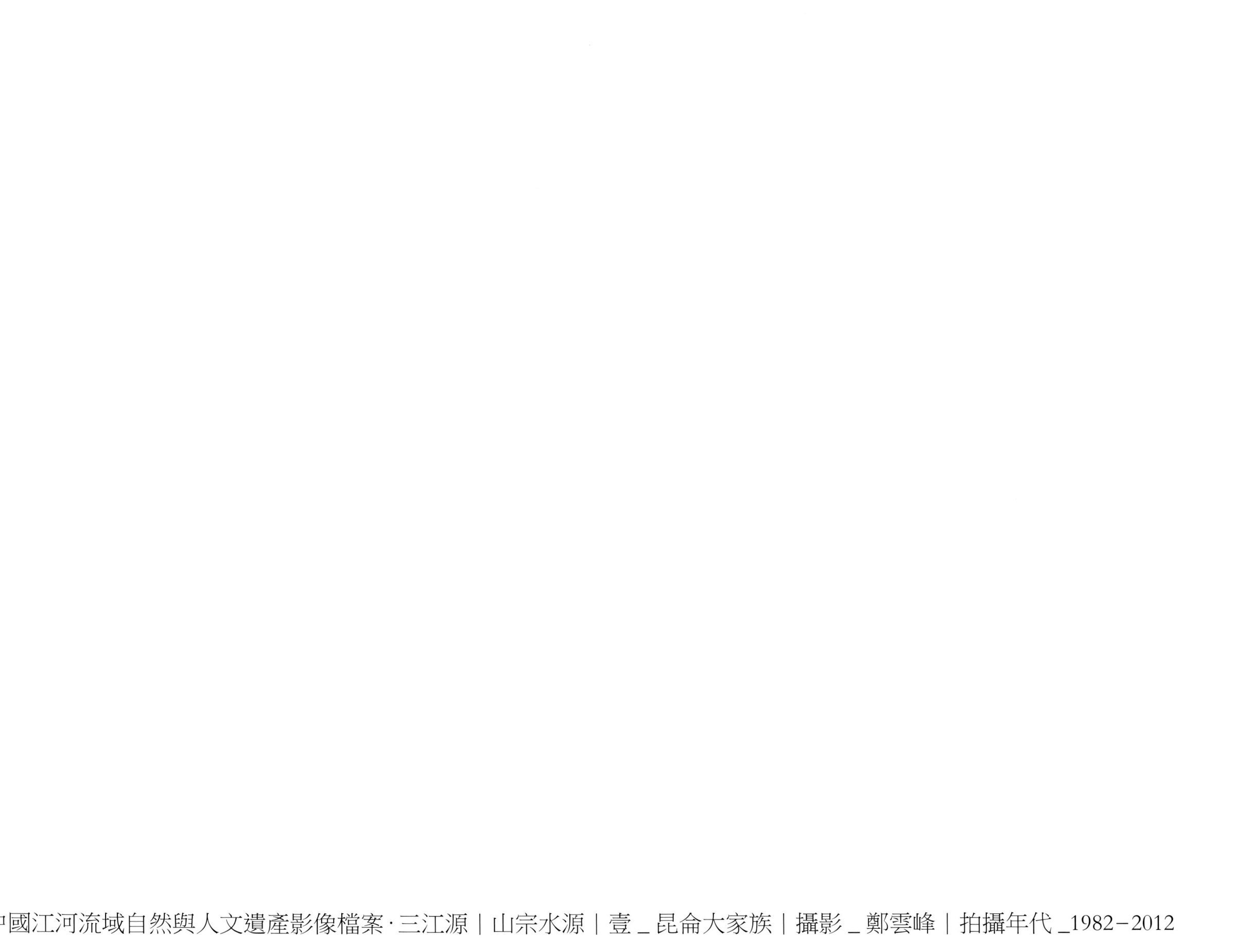

其支脉——可可西里山、巴顏喀拉山、阿尼瑪卿山；南端爲唐古拉山脉。這些偉大的山脉鑄造了青的骨骼框架，共同組成了三江源區的昆侖山大家族。

藏語『各拉丹冬』，意爲高高尖尖的山峰。

各拉丹冬雪山群南北長五十公里，東西寬二十公里；海拔高峻，除主峰各拉丹冬峰外，海拔六千米以的山峰尚有二十座；冰雪覆蓋面積達六百六十二平方公里，有冰川八十五條。各拉丹冬西南側，南北支巨大的冰川構成了著名的姜根迪如冰川，這裏是長江正源沱沱河的發源地。南支冰川冰舌長七點九里，寬一點七公里；北支冰川冰舌長六公里，寬一點四公里。兩支冰川尾部都有長達數公里的冰塔林冰橋、冰草、冰針、冰蘑菇、冰湖、冰鐘乳等，構成了千姿百態的冰雪世界。

巴顏喀拉山，平均海拔五千米，起伏連綿，一派恢弘之氣，其主峰年保玉則頂天立地，海拔五千三六十九米。仰望冰連玉結的峰頂，頓然使人想起大詩人李白的名句：『若非群玉山頭見，會向瑤臺月逢』。年保峰懷金袖玉，將著名的西姆措［仙女湖］攬入懷中；群峰如父兄般默默守護着西姆措，女西姆措幽幽的妙目映照着群山，肅穆的場景仿佛天堂一般。

作爲長江、黃河的分水嶺，巴顏喀拉山海拔雖高，却寓雄渾於開闊，不露崢嶸；此地多終年積雪的大山到處可以見到冰河垂懸的奇景。每至春來，日光燦爛，冰雪消融，一條條冰雪融水匯合而成的溪流，滋潤了高原乾燥的土地，爲長江與黃河輸送水源。

阿尼瑪卿山，又名大積石山，是黃河源頭最大的雪山。阿尼瑪卿山主峰海拔六千二百八十二米，山體圍冰雪覆蓋，終年不化；山體由砂岩、花崗岩和石灰岩構成。阿尼瑪卿雪山平均海拔在五千九百米上，十三座山峰呈鋸齒狀重疊在一起。五十七條銀鬚般飄灑的冰川哺育了初出大山的黃河，總面積一百二十五點七平方公里。哈龍冰川是黃河流域最大最長的冰川，它長七點七公里；面積達二十三點平方公里；垂直高差達一千八百米。在阿尼瑪卿雪山的懷抱裏，黃河有了春天的膂力；有了潤澤千里水源。藏族同胞還賦予了阿尼瑪卿山各種美好神聖的形象和傳說，年年轉山，時時膜拜頂禮。藏傳佛信徒奉阿尼瑪卿爲神山，因爲在信徒眼中，它既是果洛開天闢地的造化神，又是雪域安寧的守護金剛

人們對阿尼瑪卿的神姿仙態有各種說法：早晨白裏透紅，那是它給雄獅大王——格薩爾戴上纓盔，其上馬出征；中午笑意盈盈，伸開巨臂，那是它在爲黃河指路。作爲藏傳佛教『四大神山』之一的它月下也不休息：夜風中和另外三座神山——西藏自治區的岡仁波齊，青海省玉樹自治州的尕朵覺悟雲南省的梅里談經論佛……阿尼瑪卿是神，是佛，是上中下三果洛藏胞心中的唯一。

西傾山因其向西部傾斜的姿態，而成爲一座獨特的名山，《山海經》《水經注》都記載着它的名號。

西傾山在藏語中意爲西面的大鵬山。它位於青海東南部，主峰四千五百三十九米，雖不如巴顏喀拉山渾，不如各拉丹冬山高峻，却是昆侖山系中極重要的一員。西傾山是昆侖山伸開的千里巨臂：經脊山東握秦嶺迭山，撫觸黃土高原；北挽河南的山坡、農田、草原；西南與阿尼瑪卿山隔河招搖與洮河相依。

中國江河流域自然與人文遺產影像檔案·三江源 | 山宗水源 | 壹_昆侖大家族 | 攝影_鄭雲峰 | 拍攝年代_1982-2012

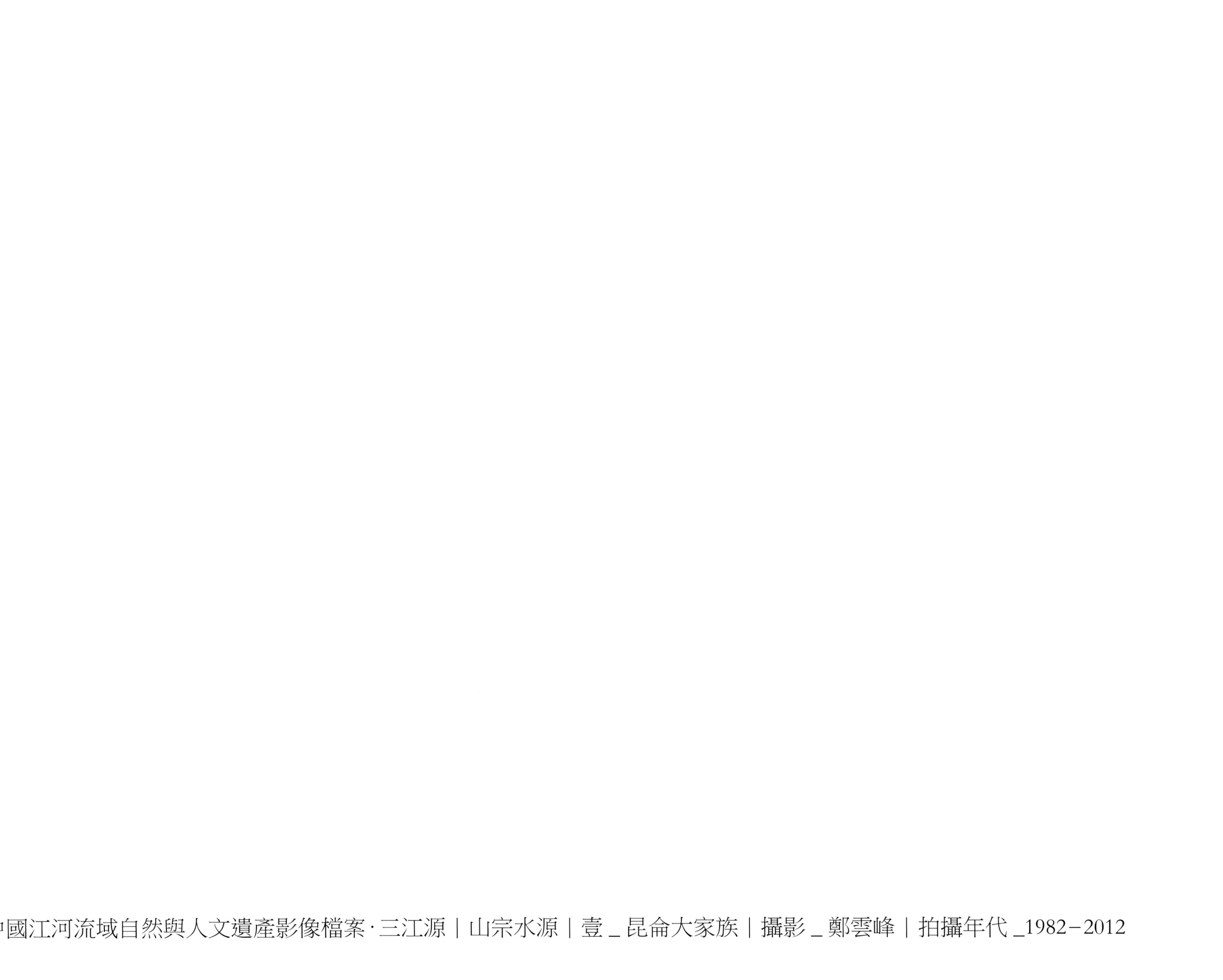

▼ 明月出天山：祁連山傳奇

『明月出天山，蒼茫雲海間』，李白的詩句傳誦千年，吟唱出祁連山的氣勢。『祁連』乃古匈奴語，爲天山，它自西向東，從柴達木盆地北緣沿青海東北伸到河西走廊，綿延八百多公里；它是昆侖山系十分獨特的一座山。

祁連山造化神工，渾然天成，故有『回歸自然看祁連』『一列大山美山南』之說，『天上江南』道出它的幾分神韻。戈壁的粗獷，森林的壯美，冰川的奇幻，河流的激越，農田的豐盈，油菜花的光亮，原的悠遠，峽谷的百態……悉數在它懷裏。

祁連山擁有豐富的礦產和物產資源，因而被譽爲『八寶山』：金、銀、銅、鐵、煤、石棉、玉石、石爲『大八寶』；鹿茸、麝香、蘑菇、大黃、湟魚、油菜、蜂蜜、奶酪爲『小八寶』。祁連山下的祁連因其豐富的礦藏，更有『中國的烏拉爾』之美稱。

祁連山的歷史悠長而深厚：趙充國屯田，王莽建郡，吐谷渾立國，隋煬帝巡狩以及紅軍西征等歷史件，都是在這一帶發生。這天成之山，古老卻不閉塞，自古以來開放而繁華。祁連山南麓和北麓并着兩條絲綢之路。隋唐以後，絲綢之路北道——河西走廊常年被兵亂阻隔，祁連山南麓的西寧—源—峨堡—張掖，以及西寧—青海湖—柴達木—當金山—敦煌兩支南道，便成爲東西方文化、貿交流的必由之途。

阿爾金山曾是豐饒的原野：茂密的森林環繞碧湖，三趾馬在草地上奔跑，天空有始祖鳥振翮翱翔。在次次地質和氣候的劇變中，溫熱氣候孕育的花樹、森林、恐龍逐漸消亡；高山上升，荒沙漫延，旱風虐。阿爾金山化腐朽爲神奇：將林木變成煤炭，將動物遺體碳化爲石油，於是纔有今天的冷湖、花土的原油，錫鐵山的鉛鋅，察爾汗、台吉乃爾幾十個鹽湖……阿爾金山擁有全國百分之十三點五的礦藏富，堪稱聚寶盆。

日月山原名『赤嶺』，因其山體均爲紅褐色的砂岩而得名。此山位於祁連山支脈——拉脊山西端，青海內陸河與外流河的分水嶺；是農業區和牧業區的分界綫；歷史上也曾是吐蕃和漢地的分界嶺。山麥田青青，油菜花金黃；南坡則是望不到邊際的茫茫草山。當地民諺說：『過了日月山，又是一重天。

日月山海拔雖然僅三千五百二十米，却名聞遐邇。從某種意義上說它充當着昆侖山的使者，矗立於唐古道和絲綢之路南道上，迎送過無數商客、使臣和旅人。公元六四一年，唐太宗李世民將宗室女文成主遠嫁吐蕃首領松贊干布。公主從長安出發，途經西寧、湟源峽，登上赤嶺。傳說文成公主駐輦山上環顧四野：前面荒野茫茫，雪山綿亘，寒風凛冽；身後春色漸遠，歸路已斷。她掏出日月寶鏡，以期見故土長安，終究衹有失望。悲戚中，公主摔碎寶鏡，思鄉之心也隨之『碎落』山中。因此，後人便赤嶺更名爲日月山，以示對公主的懷念與尊崇。

在昆侖山這個龐大的山系中，每一座山峰都各司其職，發揮着自己獨有的功能；終使昆侖山養育出三世界知名的偉大江河——長江、黃河和瀾滄江。

昆侖山西段山峰的海拔一般都在 6000 米以上，地勢高亢，氣候寒冷，是青藏高原最大的現代冰川作用中心之一。

昆侖山的冰川融水形成了衆多河流，雖然源自昆侖山的河流也會接納一些雨水，但主要還是由積雪和冰川供水。

作爲長江源頭的主要水源補給區，各拉丹冬地區冰川及其變化，對長江上游地區水資源狀況及區域生態環境影響巨大。

潔白的冰川覆蓋着各拉丹冬的群山。冰川融水伴隨着長江的足迹，跨越遙遠的地域，養育了衆多的人民，最終匯入大海。

研究顯示，自 2004 年至 2009 年，各拉丹冬地區冰川總體上呈現出明顯的退縮趨勢。

地勢高峻、氣候寒冷的巴顏喀拉山區雨量充沛，是青海省南部最重要的草原牧場。此地盛產被譽爲“高原之舟”的牦牛和藏系綿羊，聲名遠播。

《尚書·禹貢》載："導河積石，至於龍門"，文中所謂"積石"就是指阿尼瑪卿雪山。作爲昆侖山脈中段最東端的大山，阿尼瑪卿雪山主峰長約 28 公里，山頂終年冰雪皚皚。

1986.9

冰川融水爲黃河源源不斷地輸送着水源，但是隨着全球變暖的加劇，阿尼瑪卿雪山的冰川也在逐漸退縮。

2005.8

2005.8

阿爾金山主體位於新疆維吾爾自治區東南部，其東端則綿延至青海、甘肅兩省交界處，是塔里木盆地和柴達木盆地的分水嶺。

2010.9

2010.9

卓爾山是典型的丹霞地貌，由紅色砂岩、礫岩組成；它位於青海省祁連縣境內，藏語音譯爲“宗穆瑪䄂瑪”，意思是“美麗的紅潤皇后”。

中國江河流域自然與人文遺產影像檔案·三江源 | 山宗水源 | 貳_三江源的誕生 | 攝影_鄭雲峰 | 拍攝年代_1982-2012

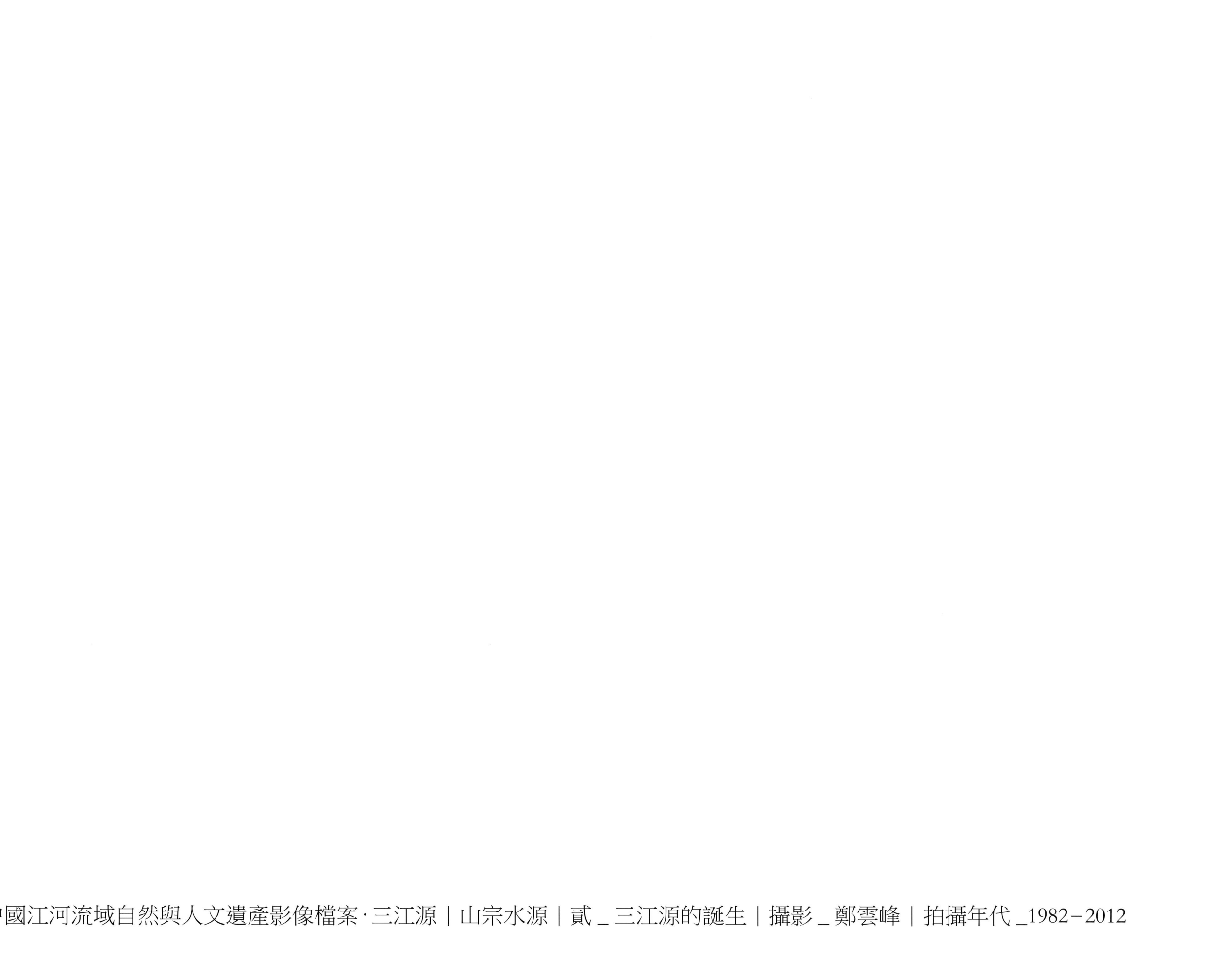

▼ 天上銀河：大冰川

在三江源高峻的大地上，隨處都有純淨、冰冷和蘊藏了巨大水量的冰川，它們如銀河一般懸挂於天地之間

仰望青海高原，一座座山脉横空出世，如玉龍盤伏，似素練起舞。歷經了千萬年雨雪冰霜的雕琢、禮，它們變化爲水的另一種形態——凍土和冰川。如今，冰鐘乳上融化的第一滴水和江河湖海的誕緊密相聯；凍土層下的冷熱變幻與地球上所有的生命休戚相關。

各拉丹冬像一個銀盔雪甲的巨人，手握長劍，刺破寒空，在六千六百二十一米的高空上，裁割天河斬鑿出八十多條冰川，异彩紛呈，蔚爲壯觀：有的如摩天水晶樓，有的似白玉寶塔聳立……唯有這凝重、博大的冰山雪嶺，纔滋養得出中華民族的萬里長川！

姜根迪如雪峰南北兩條冰川是長江的襁褓，它們像兩條銀龍撲下雪嶺，衍展出氣勢磅礴的冰塔林。

一滴滴晶瑩的融水在被稱爲地球『第三極』『世界屋脊』的青藏高原上悄然滴落，匯成涓涓細流，最形成了氣勢磅礴的世界級大江河——長江、黄河和瀾滄江。它們孕育了中華民族五千年的輝煌文明哺育了湄公河次區域、南亞次大陸的豐饒土地和衆多生靈。因此，人們親切而形象地稱三江源爲『亞水塔』。

如果說三江源的大地上是一道道晶瑩的冰鑄長城，那麼，三江源的地下就是一座座神奇的寶庫。在三源人們已發現煤、鐵、銅、鉬、黄鐵、水晶、石膏等矿藏以及豐富的地熱資源。除此之外，凍土也是富的水資源『儲藏器』：高原多年凍土層中蘊含着豐富的地下冰，是無比豐富的水資源涵養地。

水是生命之源。在我們生活的這個星球上，萬物生靈都離不開水的滋養和潤澤。波瀾起伏的大江、大河大湖、大海都是由一滴滴水珠匯聚而成。遠古神話的起源，草原故事的誕生，農耕文化的延續，城市明的進步，人類歷史的發展也同樣離不開水。

▼ 三江出世：第一滴水的故事

在史前一個偶然的時空，第一滴晶瑩的水珠在青藏高原上悄然滲出，滴落。這不斷滴落的水珠注定將成涓涓細流，形成氣勢磅礴的三條大江河。它們的韵律和精神將孕育一個偉大民族幾千年的輝煌文明爲華夏文明的崛起和壯大輸入無盡的動力。

從各姿各雅草坡上，冒出五眼泉水，這裏就是九曲黄河的發源地。五眼泉水匯成一股細流，形成黄河親的『初乳』，藏族同胞叫它『卡日曲』。卡日曲與約古宗列曲①［黄河北源］匯合，始稱『瑪曲』——這是個富有美感和内涵的名字，藏語意爲孔雀河。

中國江河流域自然與人文遺產影像檔案・三江源 | 山宗水源 | 貳 _ 三江源的誕生 | 攝影 _ 鄭雲峰 | 拍攝年代 _1982-2012

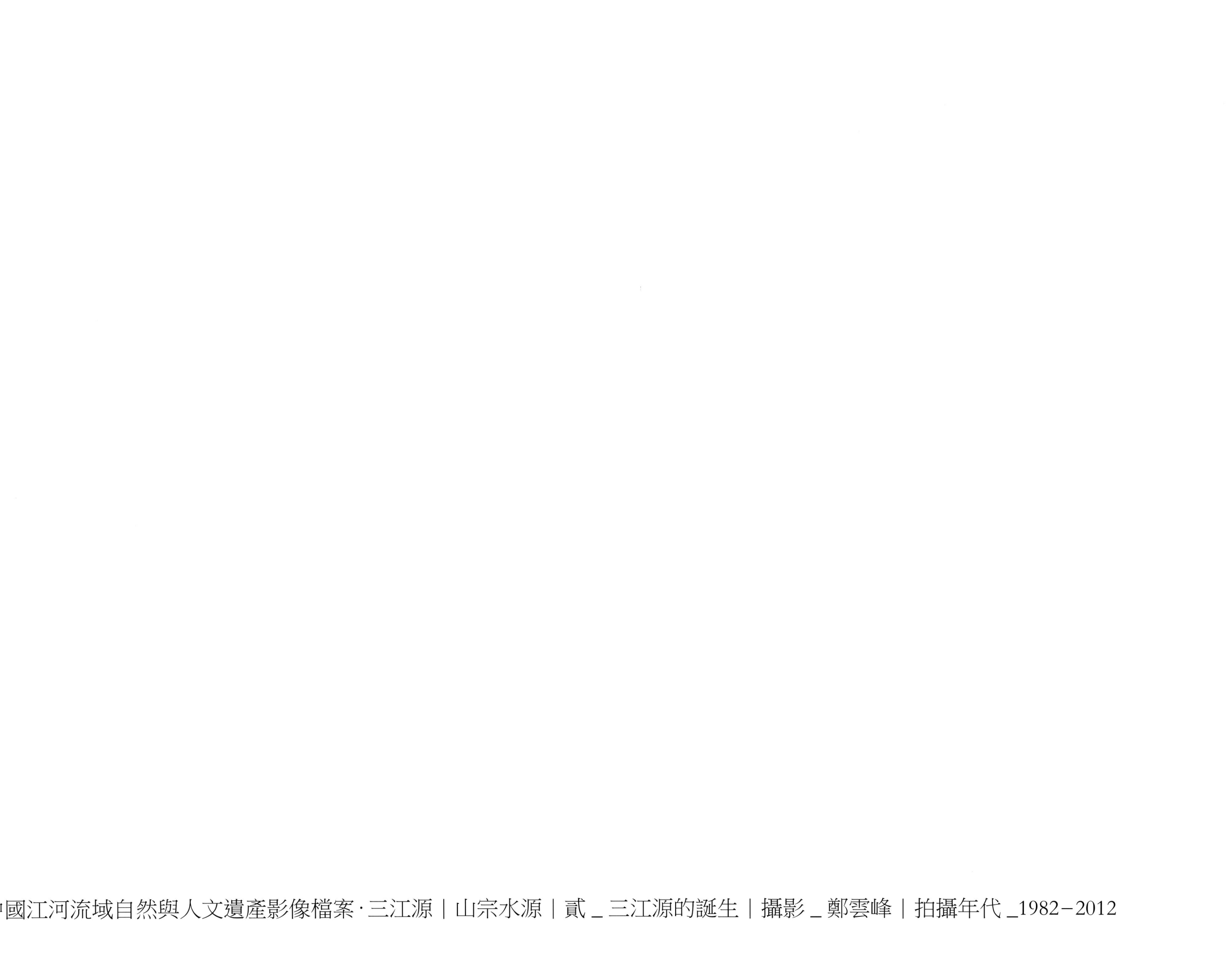

有孔雀這種熱帶、亞熱帶的『百鳥之王』？也許是涓涓泉水，像羽翼垂挂草坡，匯聚成了星宿海，閃爍爍，猶如孔雀的彩翎；也可能是河源地區的藏家姑娘，在篝火旁載歌載舞，彩裙翩翩，恰似一群屏的孔雀，便使人們將這河叫作了『孔雀』罷。

面對黃河，世居源頭的藏族人這樣唱着：

孔雀河上有孔雀，
羽毛插在寶瓶裏……

聰慧的藏族同胞把黃河源頭的樣子，生動而優美地唱了出來。黃河源的姿容，確實是一群吉祥的孔雀聖潔的巴顏喀拉山，則像一個巨大的寶瓶。

從瑪曲而下，黃河一路接納衆多支流，穿行九百多公里，在即將跨出青海高原之際，它驀然回首，甘肅轉了個『S』形大彎，又回到青海高原，仿佛眷戀，又仿佛在積蓄力量。其後黃河以衝破一切偉力，衝騰、切割、撞擊、撕扯、迴環、騰躍……把平壩切成深谷，從山隙中推出坦途，一瀉千里。

黃河從寺溝峽告別青藏高原，走過金城盆地，推開黃土高原，向大海奔涌而去。它留下一系列雄奇的峽谷：拉加峽、野狐峽、龍羊峽、拉西瓦、左拉峽、松巴峽、李家峽、公伯峽、寺溝峽……不僅是黃對其高原母親的報答，也見證了黃河堅韌不拔的精神力量。不屈不撓的黃河，使得天地爲之低昂，神爲之啜泣。辛勞的黃河母親在坎布拉鑿山爲樓，鑿出丹霞聖境；她溫柔地撫摸着貴德，慈祥的笑臉化漫山遍野的梨花；溫熱的汗水化作扎倉溫泉，滋沃紅砂地爲良田，澆灌荒土坡爲森林，養育僻野草原；到處留下豐盛的五穀和花果，讓她的子孫享用萬世。

相較於黃河，長江的誕生更富於傳奇：它不像黃河之水，能够讓人們尋出第一滴水誕生的地方，長的誕生更像是冰川下的交響曲。冷峻的雪山，威嚴地矗立在長江源頭，在這看似平靜的外表下，川上，冰層下，冰縫裏，正是一滴滴水珠們演奏的交響曲。『幽咽流泉冰下難』，白樂天這詩句不是長江源頭的寫照？待到『銀瓶乍破』『鐵騎突出』之際，從冰下掙扎而出的水珠在岩縫、草甫露出頭來就已經是一股汹涌的急流了。

長江在冰川雪谷的懷抱裏長大，其正源沱沱河携帶着爾曲、布曲、當曲、楚瑪爾河等諸多支流，奔過樹大草原，向橫斷山衝騰而去……

如果說長江像英武的兄長，雄性十足；那麼黃河儼然是雍容大度的母親；瀾滄江則像一個志在四方的羈少年。

瀾滄江古名『蘭蒼水』，它從玉樹州雜多縣吉富山的岩縫裏發源，當地人因此將之稱作『山岩中流出河』。不止是庇護着華夏民族，它還爲緬甸、老撾、泰國、柬埔寨等東南亞沿河國家的人民造福。瀾江養育了下游湄公河三角洲的香稻、玉桂樹和老撾的棕樹；化作安息香的芬芳，豐腴了柬埔寨的橡膠和原始叢林；將緬甸紅寶石和琥珀洗濯得熠熠生輝；讓泰國普潘山飄起四溢的酒香，應和着佛教之國

中國江河流域自然與人文遺產影像檔案·三江源 | 山宗水源 | 貳 _ 三江源的誕生 | 攝影 _ 鄭雲峰 | 拍攝年代 _1982-2012

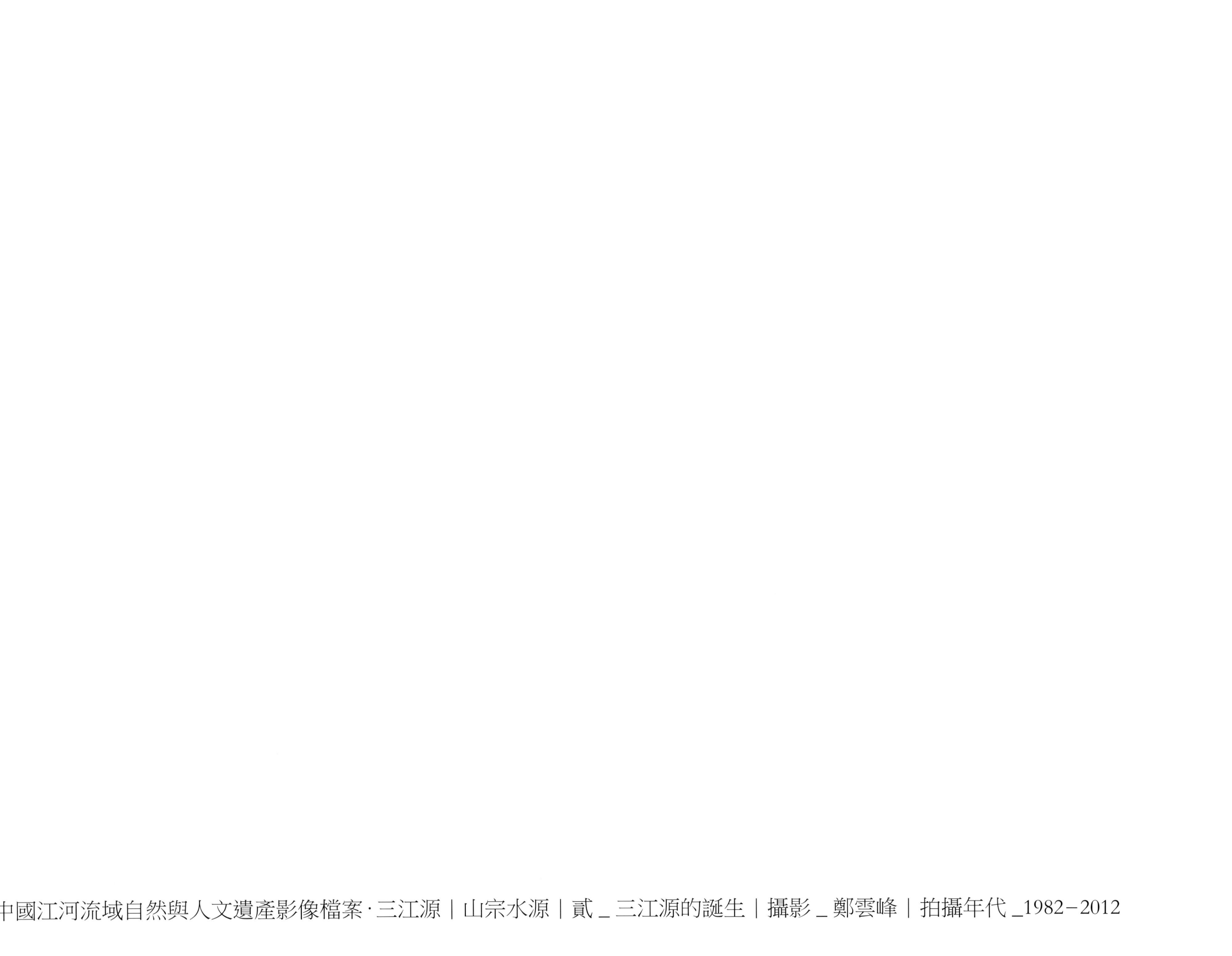

自古以來，人們爲了探求長江、黄河、瀾滄江的源頭，篳路藍縷，艱苦尋覓。

關於長江的源頭，古書《尚書·禹貢》中有『岷山導江』『江源於岷』的記載，把嘉陵江、岷江當作長
江源頭。明代著名的旅行家徐霞客於公元六四一年溯金沙江而上，考察了川滇等地，認爲金沙江是長
正源。清康熙帝派專人對長江上游山系實地勘查、製圖，繪出了通天河等河流，但依然無法確定長江
源，祇得以『江源如帚，分布甚闊』的描述了事。

新中國成立後，中央人民政府在一九五六年和一九七六年兩次派員考察長江源頭，終於確定發源於各
丹冬的沱沱河是萬里長江的正源。從而確定了長江全長不止五千八百公里，而是六千三百多公里。

搞清黄河源的所在一直爲歷朝歷代所重視：《山海經》《爾雅》《禹本紀》《史記》中都有『河出昆侖
的記載。元至元十七年［一二八〇年］，旅行家都實奉元世祖忽必烈之命探察河源，翰林學士據都實
經歷撰寫了《河源志》。书中記載雖較爲詳細，但仍然未弄清河源的真正所在。

此後，清康熙帝也多次派員勘察河源。迄至抗日戰爭時期，國民政府亦派學者赴河源地區考察，但都
能真正到達黄河源頭。

一九五二年八月，中央人民政府組織了黄河河源查勘隊，經過歷時一個月的考察，纔確定了黄河發源
巴顔喀拉山支脉各姿各雅山，正源是卡日曲的事實。

由於瀾滄江源頭支流衆多，長期以來，關於瀾滄江源頭的歷史記載一直屬於空白。中國科學院遥感
用研究所利用遥感技術尋找瀾滄江源頭，經過對扎西氣娃湖、拉賽貢瑪和吉富山三個候選源頭進行
對，最終確認瀾滄江［湄公河］發源於青海省玉樹藏族自治州雜多縣吉富山。瀾滄江源頭高程
五千二百米，全長四千九百零九公里。由此，瀾滄江［湄公河］得以躋身世界十大長河之列。

從此，三條大河的源頭纔始以真實、準確的面貌呈現在世人面前。

▼ 總攬萬水：百谷之王的胸懷

三條母親河在青藏高原吸納了無數條河流，洶涌着，蓄積着，一朝從高原瀉下，便形成了一個個
大的水系。

沱沱河、楚瑪爾河、通天河紛紛撲入長江的懷抱；卡日曲、瑪曲、大通河、隆務河、湟水爭先恐後地
入黄河，形成了黄河的『主力軍』；瀾滄江則挾扎拉曲、阿曲、布當曲、寧曲之水，向東南奔流，把
侖山的粗獷化作東南亞的旖旎。

三江之源雖然河流衆多，分布如帚，但是有幾條重要的支流，是每一個華夏兒女都應該瞭解的：

中國江河流域自然與人文遺產影像檔案·三江源｜山宗水源｜貳_三江源的誕生｜攝影_鄭雲峰｜拍攝年代_1982-2012

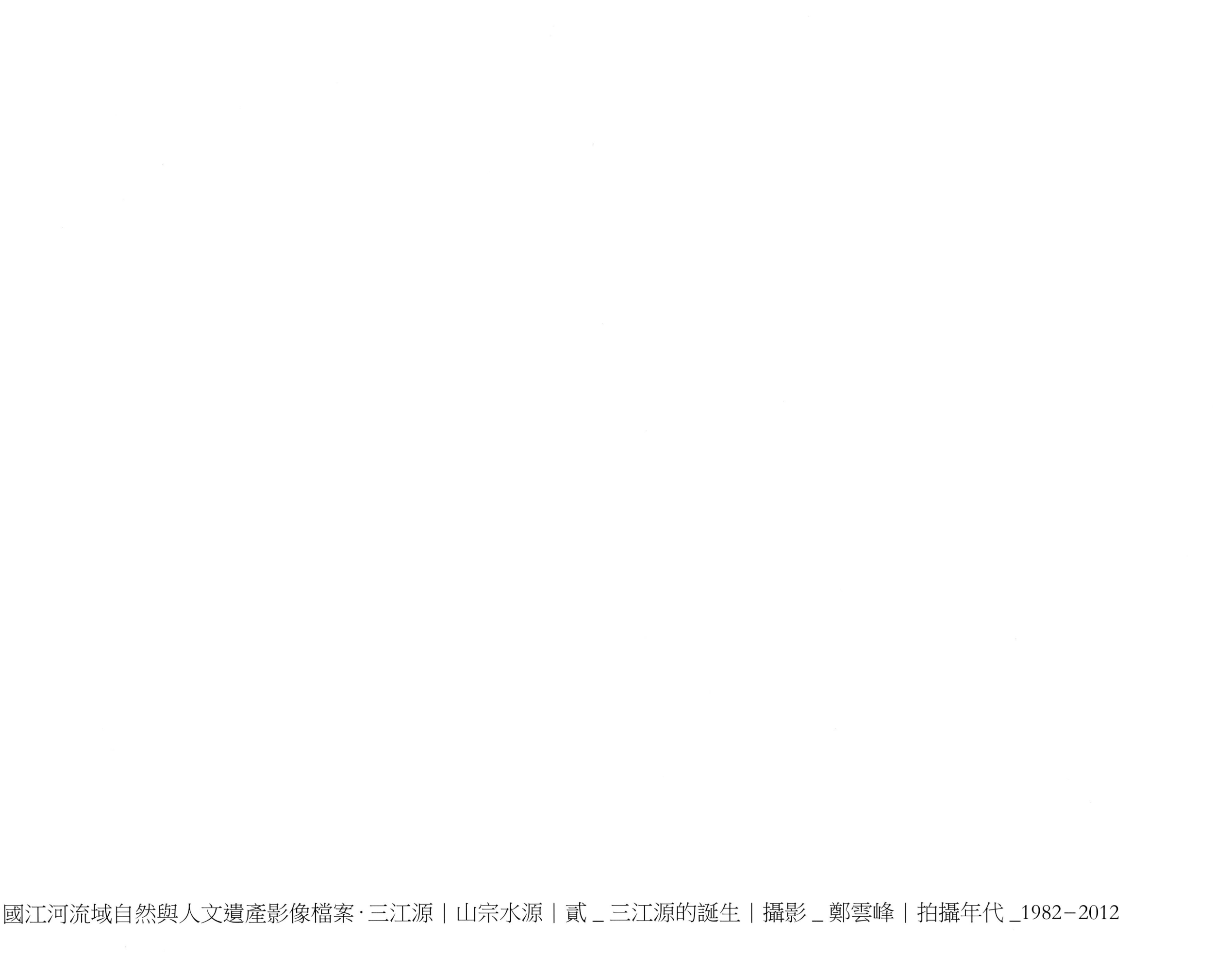

丹冬雪山群中……奇幻、凝重、肅穆、博大。在姜根迪如雪峰南北兩側冰川下，兩股冰川的融水順着石灘匯成一股。接着，它又匯合了各拉丹冬山西面的另一股水流，穿過雪山谷地向北流瀉。在穿過祖肯烏拉山的時候，融水形成了一段三十公里長的峽谷。峽谷前後淺灘羅列，水流散亂，時合時分，成典型的辮狀水系，河谷兩岸形成大片沼澤和小湖泊。沱沱河流至囊極巴隴［青藏公路以東五十八公里時，當曲自右岸匯入。當曲的長度雖不及沱沱河，可水量遠比沱沱河大，是長江另一個重要源流。經三百七十多公里流程的沱沱河和當曲匯成了通天河，始現滔滔江流之勢。

通天河古稱牦牛河，是長江上游一段幹流；它因在小說《西游記》中的出現而名聞天下。通天河上與極巴隴和長江正源沱沱河相接，在玉樹境內蜿蜒流淌八百一十三公里，後於直門達峽流出青海省境，入四川省與西藏自治區分界處，至此更名爲金沙江。

瑪柯河是大渡河幹流在青海省河段的名稱，它是大渡河的正源，源出青海省果洛藏族自治州久治縣哇依鄉查七溝頂。瑪柯河在風景秀麗的森林峽谷中急速穿行，沿途植被茂密，是高原森林風景區之一。

格爾木河是青海省第二大內陸河；它發源於昆侖山脉卡雷克塔格山剛欠查魯馬的冰川，源頭海五千六百九十三米。『格爾木』係蒙古語，意爲河流密集，其幹流長三百七十八點五公里。在柴達盆地，格爾木河將昆侖山的寶藏源源不斷地輸送給了東方大鹽湖——察爾汗鹽湖。鹽湖表面像一片褐色的荒野，又如犁鏵翻過的土浪，其實，這是由于晶瑩的鹵鹽長期受黃沙侵襲，混合攪拌而结成沙蓋，它的下面便是幾十米厚的鹽晶和鹵水層。由於格爾木河的不斷注入，察爾汗鹽湖成了人們取不盡的鹽資源寶庫。

黑河，古稱弱水，是中國第二大內流河；它發源於祁連山支脉走廊南山南坡的八一冰川，從青海省一激蕩流向河西走廊和內蒙古自治區額濟納旗的居延海。三千四百米的巨大落差使黑河蘊藏了豐富的源。在奇絕的風光，廣闊的牧場，葱鬱的森林中，黑河奔騰着一路向北；爲戈壁灘上的人們送去了生之水；滋潤着內蒙古西部的乾旱土地；澆灌出了一片生機盎然的綠洲。

湟水發源於青海省海北藏族自治州海晏縣包呼圖河北部的洪呼日尼哈，是黃河上游的最大支流。在湟的哺育下，湟水谷地富庶而安寧：在占全省面積百分之二的土地上，養育了青海省百分之六十的人口耕種着全省大半的農田，是青海省名副其實的糧倉。湟水孕育出了燦爛的馬家窑文化、齊家文化與宗文化，被譽爲『青海的母親河』。

洮河源自青海省河南蒙古族自治縣西傾山脉的龍支山；它從毛龍峽中躍出，於甘肅省永靖縣注入劉家水庫，直撲黃河的懷抱。當地民諺云：『單不投唐，洮不離黃。』这是說，單雄信寧死不投降唐朝，洮河也永遠離不開黃河，二水交融東流……

在青海省蒼茫雄偉的雪山上，誕生了長江、黃河、瀾滄江等衆多江河。它們有的似哈達，飄蕩於雲霧嶺之間；有的如藏家姑娘的髮辮，一絲絲、一條條在草原荒漠間飛揚；有的如巨龍，以勢不可當的姿態掙脫大山的阻擋奔向大海……大大小小一百八十多條河流密織如網，共同演繹着江河故事；譜寫了三源的歷史；描繪出一幅幅壯麗的畫卷。

中國江河流域自然與人文遺產影像檔案·三江源 | 山宗水源 | 貳_三江源的誕生 | 攝影_鄭雲峰 | 拍攝年代_1982-2012

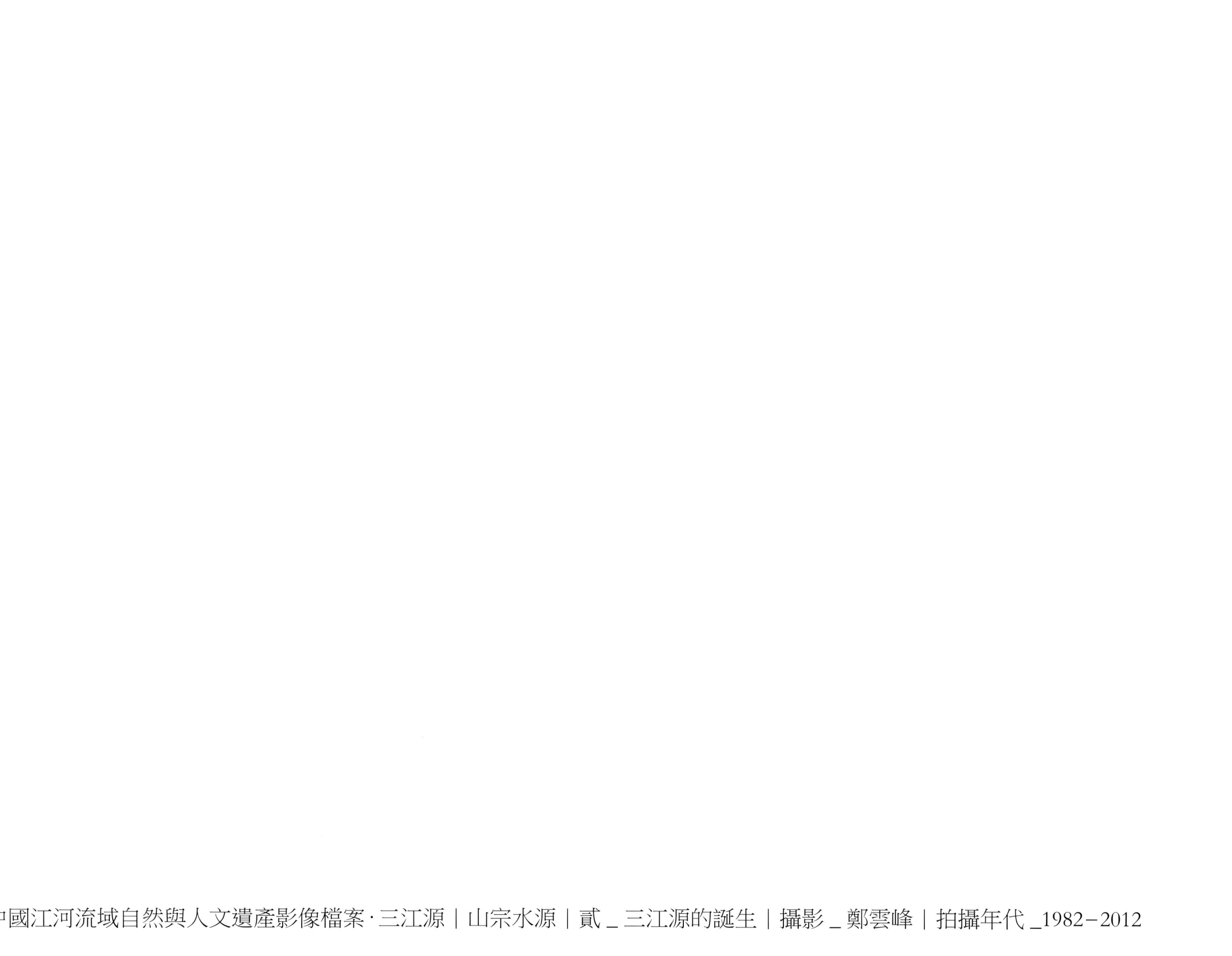

地區；因此三江源素有『江河源』『中華水塔』『亞洲水塔』的美稱。三條聞名世界的大河竟發源於一個區域，且源頭相距不遠，這不但是地球上極爲罕有的奇觀，也是中華民族的驕傲！

這三條江河在世上最高的地方奔騰，一路又接納、融匯了衆多支流。像三株黄金巨樹，在通天立地枝杈上，湖泊像樹葉，多如海中之沙；涓流像巨網，密如毛髮掌紋；成千條枝幹，百萬條細梢織就頭龐大的水系，從高原之上奔瀉而下，成爲中華民族世世代代賴以生存的命脉！

2008.10

年復一年，各拉丹冬雪山的冰川融水匯聚成小溪與河流，最終匯聚成沱沱河。

各拉丹冬雪山像一位高高在上的君王，率領着一群大小不一的“臣民”；從遠處望過去，如同一道潔白的長城。

各拉丹冬雪山上，隨處可見巨大的冰柱。此地氣候寒冷，空氣稀薄，氧氣含量衹有海平面的 50%—60%，年平均溫度 -8°C—9°C。

1990.7

聖潔的冰川塑造了長江源區的孤絕之美：由於受太陽熱力不均等原因，這些冰川形成了千奇百怪的冰峰，銀雕玉砌，氣象萬千。

1989.7

1990.7

1990.7

長江源頭是冰川的世界：千姿百態的冰橋、冰草、冰針、冰蘑菇、冰湖、冰鐘乳交相輝映；在青藏高原短暫的夏天，融水滴答，演奏着水的樂章。

1990.7

1990.7

沱沱河水流出雪山群後，進入坡度平緩、河床寬闊的河漫灘地帶，縱橫交織，形成“辮狀水系”。

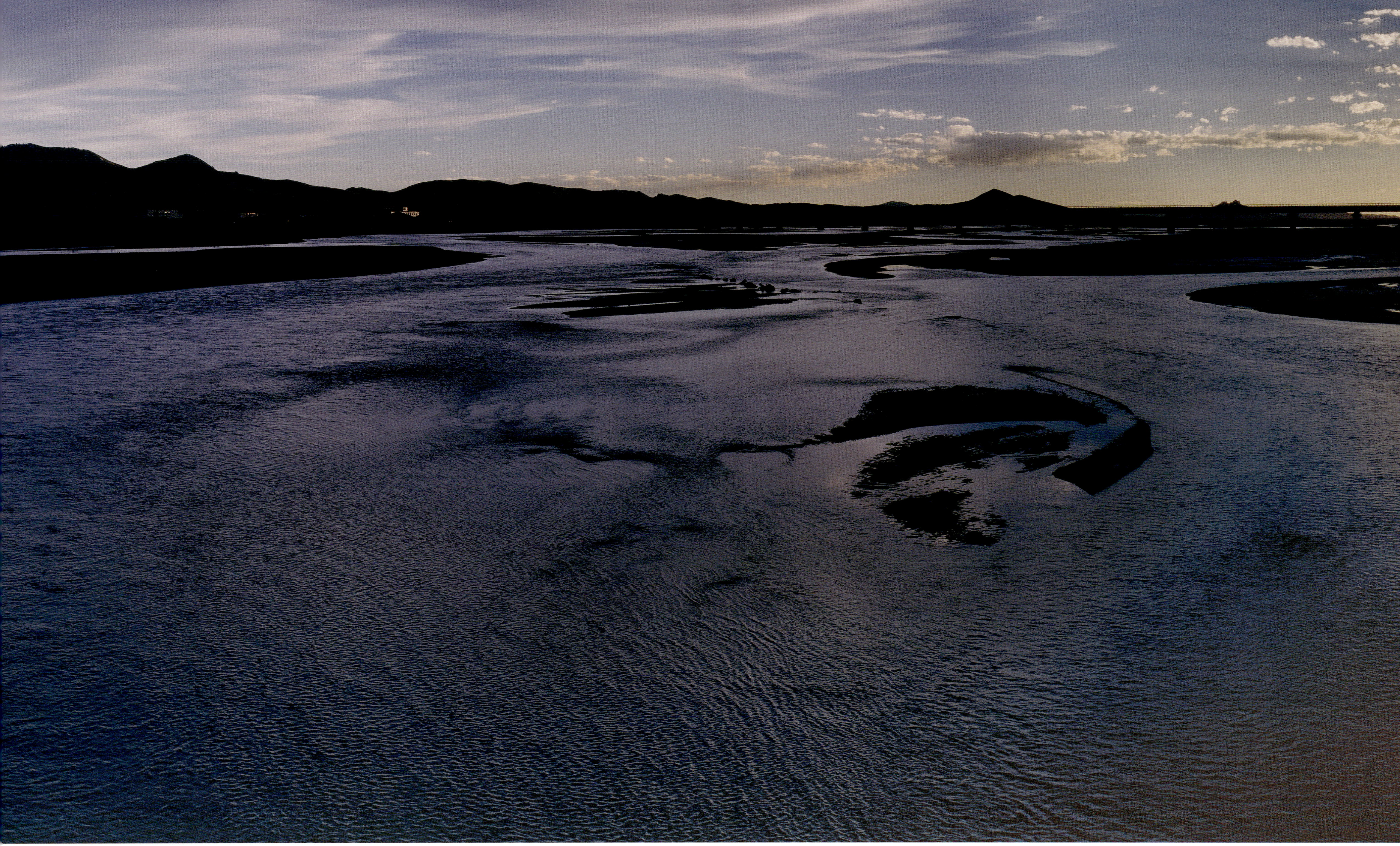

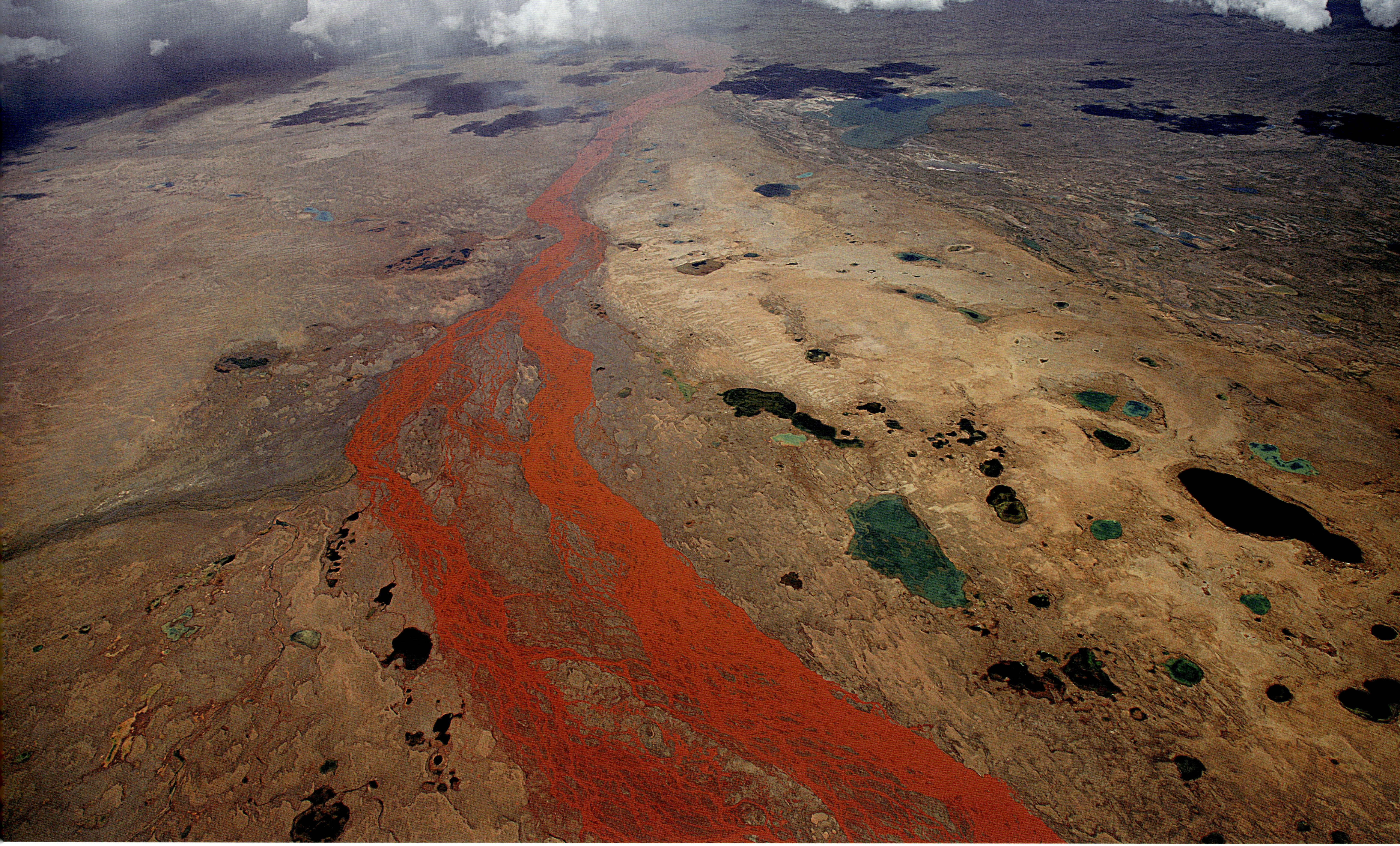

楚瑪爾河，全長 526.8 公里，爲長江北源，流域面積 20909 平方公里。

到了下游，楚瑪爾河河面漸寬，水量漸增，那些從上游裹挾而來的泥沙也隨着河水一起匯入通天河。

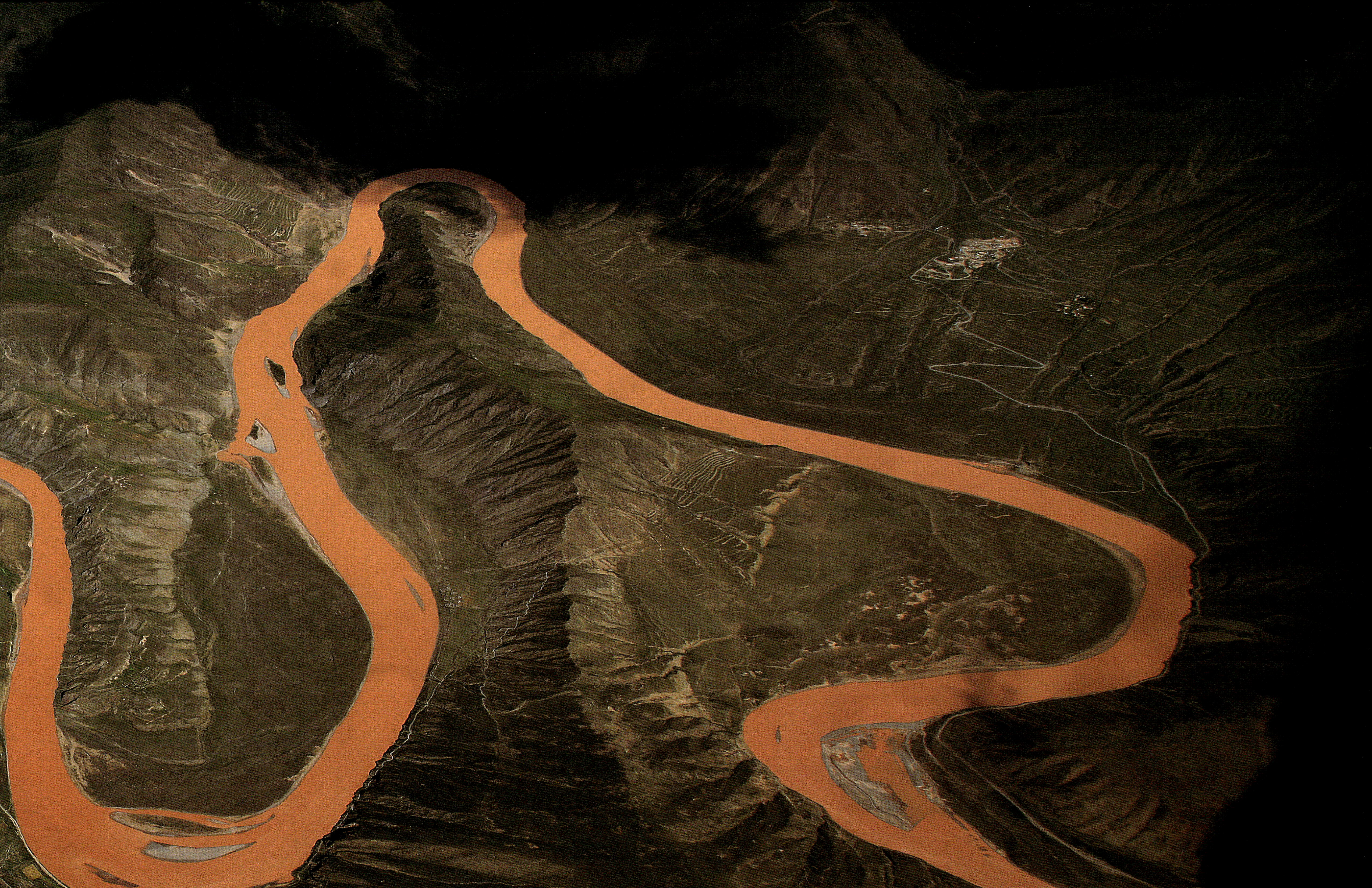

黄河源
黄河源
黄河源

黃河流經青海省果洛藏族自治州達日縣，此地屬巴顏喀拉山區，地勢傾斜，西北高而東南低。

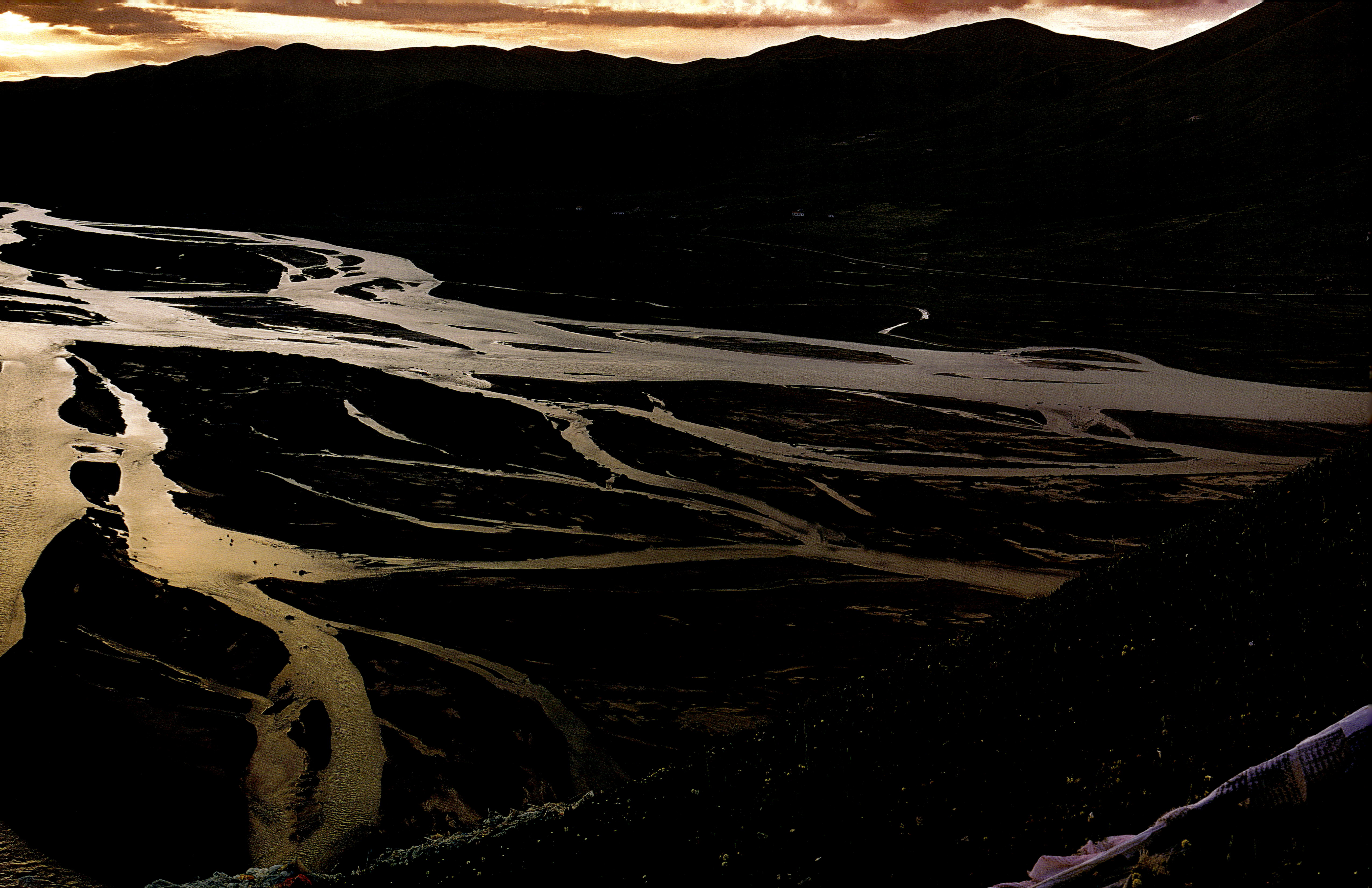

黃河流經的李家峽全長 30 餘公里，在水庫區，“人工湖”面積達 32 平方公里。

瀾滄江是一條國際河流，全長近 5000 公里；它從源區出發時，尚且一派高原氣象，高峻荒寒，下游却已是熱帶風光。

青海省玉樹藏族自治州是長江、黃河和瀾滄江的發源地，境內河網密布，水源充裕。

2004.10

2010.9

中國江河流域自然與人文遺產影像檔案·三江源 | 山宗水源 | 叁_大地之腎 | 攝影_鄭雲峰 | 拍攝年代_1982-2012

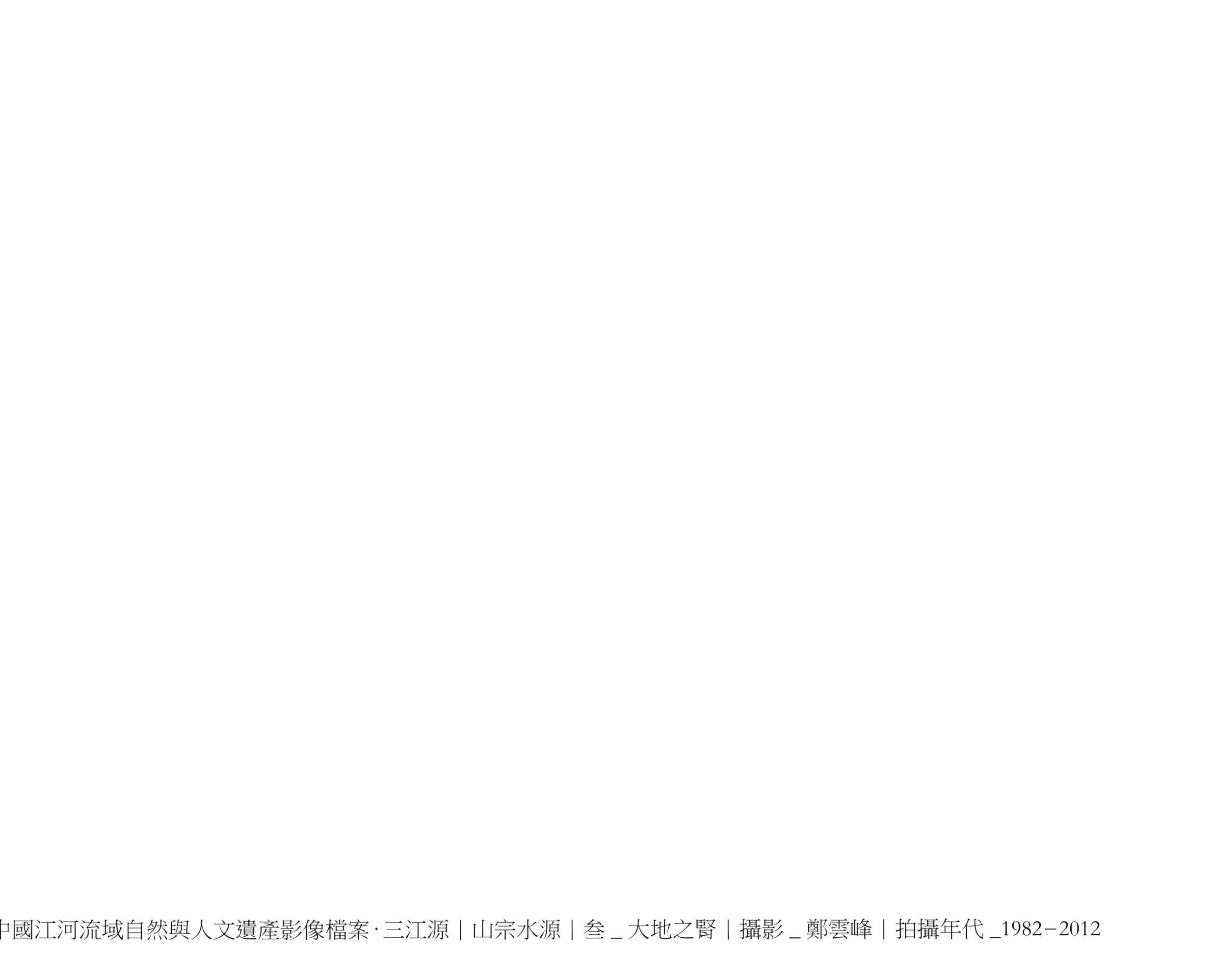

▼ 生靈的樂園：江源濕地

濕地是地球上具有多種獨特功能的生態系統，它蘊含着大自然賜予人類以及萬物生靈的生命原動力。
不僅爲人類提供滋養生命的食物、原料和水，而且在維持生態平衡，保持生物多樣性等方面的作用也
可替代。濕地雖然祇覆蓋了地球表面百分之六的面積，却爲地球上百分之二十的已知生物物種提供了
存環境。

濕地就是大地之『腎』。

三江源區內有各類型濕地約七百三十三萬多公頃，其中一百公頃以上的濕地面積爲四百一十二萬公頃
居全國第四位；湖泊和沼澤濕地面積分別居全國第二位和第三位。在全國海拔四千米以上的高海拔濕
中，三江源地區共有高原濕地二百三十五萬公頃，占全國高原濕地總面積的百分之三十一點四九。在
江源地區，作爲濕地水資源的山地冰川資源也比較豐富，居全國冰川數量和規模的第三位。

濕地滋養江河，江河又滋養生命與文明。

三江源濕地共有維管束植物一百八十一種；有濕地脊椎動物一百二十三種。其中，濕地水涉禽鳥
四十八種，魚類五十五種，兩栖類九種，獸類十一種；屬國家和省級重點保護的濕地動物有三十九種

三江源濕地是衆多動物和植物共同的樂園。

青海湖、扎陵湖、鄂陵湖、當曲沼澤、約古宗列曲、星宿海、年保玉則峰、果宗木查山、阿尼瑪卿雪山
各拉丹冬雪山……以及哈拉湖、庫賽湖、卓乃湖、托素湖、克魯克湖……一個個流光溢彩的名字，一
個讓世界矚目的奇美之地，一個個動植物的水上伊甸園，一個個蘊藏着充沛精血的生命之腎。

▼ 孔雀屏翼上的藍寶石：星宿海

星宿海，這個名字本身就如此美麗，充滿詩意；真實的星宿海比它的名字更美麗，更充滿詩意。

星宿海，藏語稱『錯岔』，意爲『花海子』；它是一個狹長的盆地，位於黃河源頭的果洛藏族自治州
星宿海東與扎陵湖相鄰，西與黃河源流——瑪曲相接；東西長三十多公里，南北寬十多公里。

黃河源頭的瑪曲，河寬水淺，流速緩慢，形成大片沼澤草灘和衆多水泊。瑪曲兩岸牧草肥茂，野花盛開，
色迷人，猶如孔雀開屏之勢，故當地藏族群衆稱之爲孔雀河。孔雀河向東前行十六公里後，匯入星宿海盆地
因地勢平緩，河水四散涌流，所以主河道無從分辨，如無數條細帶長纓，飄散於綠茵野花之中。孔雀河最
在地勢低窪處形成無數大小不一，形狀各异的海子和水泊，大者數百平方米，小的僅有三四平方米。

中國江河流域自然與人文遺產影像檔案・三江源｜山宗水源｜叁 _ 大地之腎｜攝影 _ 鄭雲峰｜拍攝年代 _1982–2012

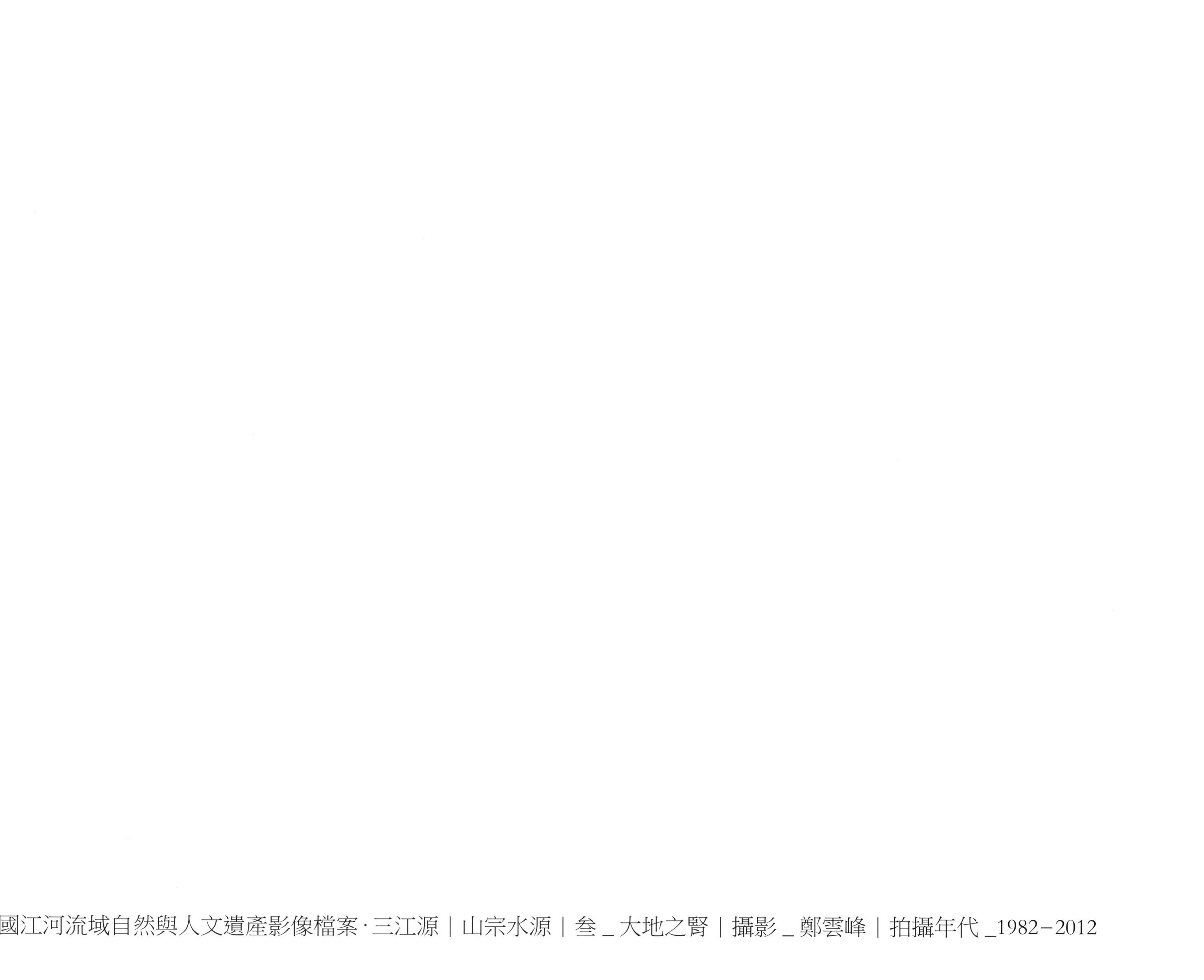

的海：它們的數量、大小、形狀、位置隨着瑪曲河水的漲落不停變幻，然而無論如何變化，它們永遠星星點點，難以計數。這一切仿佛是神靈的游戲：他不停撥弄着自己喜愛的寶石，似乎想要擺放出一個最完美也最有意義的圖形，讓人們欣賞、猜測或領悟。

距離星宿海不遠處的西南部，草甸上也有無數水泊，名爲『星星海』，但它們比星宿海的海子小很多少很多，色彩也黯淡了很多，仿佛是星宿海中潑濺出的點點碧珠。

然而如今，星宿海千湖蕩漾，萬水競波的大美景象已經名不副實：很多湖泊已經乾涸；湖底裸露於天之下；無數塊濕地已經變成荒蕪的戈壁；仙境般的星宿海正面臨着永遠消失的危險。

▼ 雙姝并彩：扎陵湖和鄂陵湖濕地

黃河源頭兩個最大的高原淡水湖——扎陵湖和鄂陵湖，素有『黃河源頭姊妹湖』之稱，猶如一對明珠鑲嵌在黃河源區，熠熠閃光。

黃河流經星宿海和瑪曲，先於鄂陵湖匯入扎陵湖。扎陵湖東西長，南北窄，酷似一隻美麗的貝殼，鑲在黃河上。扎陵湖湖心偏南是黃河的主河道，仿佛一條寬寬的乳黃色帶子，將湖面分成兩半：一半清碧綠；另一半微微發白，所以扎陵湖又稱『白色長湖』。

黃河在扎陵湖稍作停頓，於巴顏朗瑪山南面，進入一個三百多米寬的河谷。河水在這裏被分成九股道散亂地穿過峽谷，流入鄂陵湖。

鄂陵湖位於扎陵湖之東，形狀與其相反：東西窄，南北長，猶如一個巨大的寶葫蘆。鄂陵湖面積比扎湖大約一百平方公里，湖水水色極爲清澈，呈深綠色。風和日麗時，天上的雲彩，周圍的山嶺，倒映中清晰可見，因此被稱作『青色長湖』。

十分有趣的是，扎陵湖中有供鳥類栖息的島嶼；而鄂陵湖則有一個專供鳥兒們會餐的天然場所，人『小西湖』，又稱『魚餐廳』。原來，每年春天，黃河源頭冰消雪融，河水上漲，鄂陵湖的水漫過一堤岸流入『小西湖』，湖中的魚兒也跟着游進來。待到冰雪化盡，水源枯竭時，湖水斷流并開始大量發，水位迅速下降，魚兒不斷死亡并被風浪推到岸邊的沙灘上。鳥兒們便不需要花費氣力去捕魚，衹到小西湖隨便『入座』，就可以飽餐一頓。鳥兒最多的時候，遮天蔽日，鳴叫聲幾里外都能聽到。

鄂陵湖烟波浩淼，波瀾壯闊：上午，湖面一般風平浪靜，纖蘿不動；下午則常會風雲突變，大風驟起平靜的湖面波濤洶涌，浪花拍岸；有時天昏地暗，水浪像連片的黑色帳篷；一會兒又變成點點白帆，遠而近，景象極爲壯觀。

扎陵湖和鄂陵湖海拔四千三百多米，比中國最大的內陸湖——青海湖高出一千多米，是名副其實的『天上泊』。二〇〇五年，鄂陵湖—扎陵湖濕地被聯合國正式批准爲『國際重要濕地』。這也標志着中國面積

中國江河流域自然與人文遺產影像檔案·三江源 | 山宗水源 | 叁 _ 大地之腎 | 攝影 _ 鄭雲峰 | 拍攝年代 _1982-2012

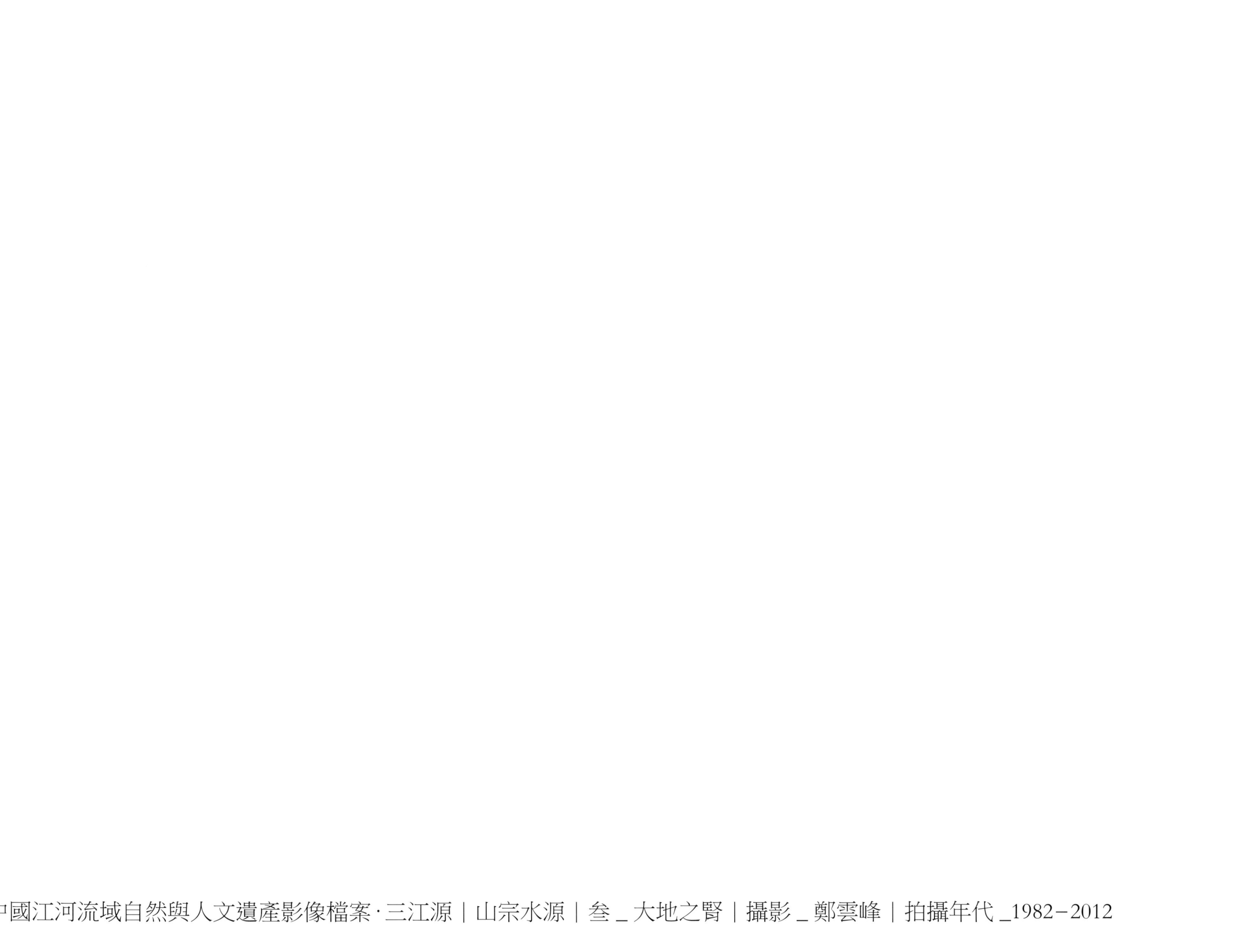

▼ 鶴舞江源：隆寶湖濕地

像一方溫潤的碧玉，上天格外垂青，將它珍藏在三江源的中心，這就是隆寶湖。它以奇幻的容顏，鳥琴瑟交織的和弦，時空中振翮高舞的剪影，渲染出了青海雪域人與鳥和諧相處的動人畫卷；這裏稱爲『黑頸鶴的故鄉』！

隆寶湖濕地位於青海省玉樹藏族自治州玉樹縣隆寶鎮境內的通天河畔，由通天河支流——益曲在此過沼澤區低窪地形成的隆寶湖，以及其他五個淡水湖和衆多小湖組成。興雅隴、協雄隴、波瑪拉涌、崗隴、涅大果尚、幫瓊隴等多條溪流和衆多泉水爲濕地提供了豐沛純淨的水源；倉宗查依山、寧蓋仁崩巴山、亞欽亞瓊、肖好拉加等高山環繞濕地四周。隆寶湖濕地形成了河流、湖泊、沼澤、冰川、雪等多種生態類型，是國家級黑頸鶴自然保護區。

由於隆寶湖濕地被縱橫迂迴的溪流，星羅棋布的湖泊、沼澤、草灘包圍，因而成爲無數大小不等的沙和小島，使狼、狐狸、野狗等黑頸鶴的天敵難以進入，盗獵者也不敢貿然深入。黑頸鶴却在這自然天的國度裏，猶如尊貴的國王，或閑庭信步，或比翼齊飛，自由自在地生活着、繁衍着。加之，藏傳佛宣導不殺生的觀念，因此當地藏族僧衆不獵殺鳥也不吃鳥蛋，并把黑頸鶴當作神鳥、吉祥鳥而備加愛護。

黑頸鶴在玉樹藏語中被稱爲『中中』或『中中嘎莫』，意爲仙鶴。有人按照它們的叫聲來預測天氣變化還有人把它當作『神醫』。據説，有人骨折時，就在它巢中的卵上畫上一個黑色的圓圈，雌鳥誤以爲要裂開，就會從遠處銜來一塊『接骨石』放在巢中。人們把這塊接骨石取走治傷，就能治好骨折。

還有個傳説：格薩爾王有一個忠誠的馬倌，一生爲格薩爾王馴養了很多駿馬。馬倌去世後，在他居住地方，出現了一隻黑頸鶴不停鳴叫，久久不願離去。後來藏族人民就把黑頸鶴稱作『格薩爾達孜』，意是格薩爾王的馬倌；因此，黑頸鶴在藏族人民心目中是神聖的鳥，被稱爲『仙鶴』『吉祥鳥』。

在《格薩爾》史詩中有這樣一段描述：格薩爾被霍爾的阿達拉姆迷惑，整日沉湎在世俗享樂中。珠姆到這一消息後，便派自己的信使——仙鶴三兄弟嘴裏銜着信帶給格薩爾王。此時，格薩爾王正在房晾曬青稞，忽然聽到黑頸鶴的叫聲，他抬頭望見了在空中盤旋着的鶴。仙鶴把信丟到了格薩爾面前，罷，格薩爾終於識破了阿達拉姆的詭計……

黑頸鶴是生活在青藏高原的唯一的一種鶴。它身體比較高大，平均都在一米以上；頭頂爲紅色，全身調爲灰白色，衹有頸頰和飛羽呈黑色。

六世達賴喇嘛——倉央嘉措曾經寫下關於仙鶴的詩歌：

潔白的仙鶴啊，
請借我一雙翅膀。
我不會飛得太遠，
轉到理塘就回。

中國江河流域自然與人文遺產影像檔案·三江源 | 山宗水源 | 叁 _ 大地之腎 | 攝影 _ 鄭雲峰 | 拍攝年代 _1982–2012

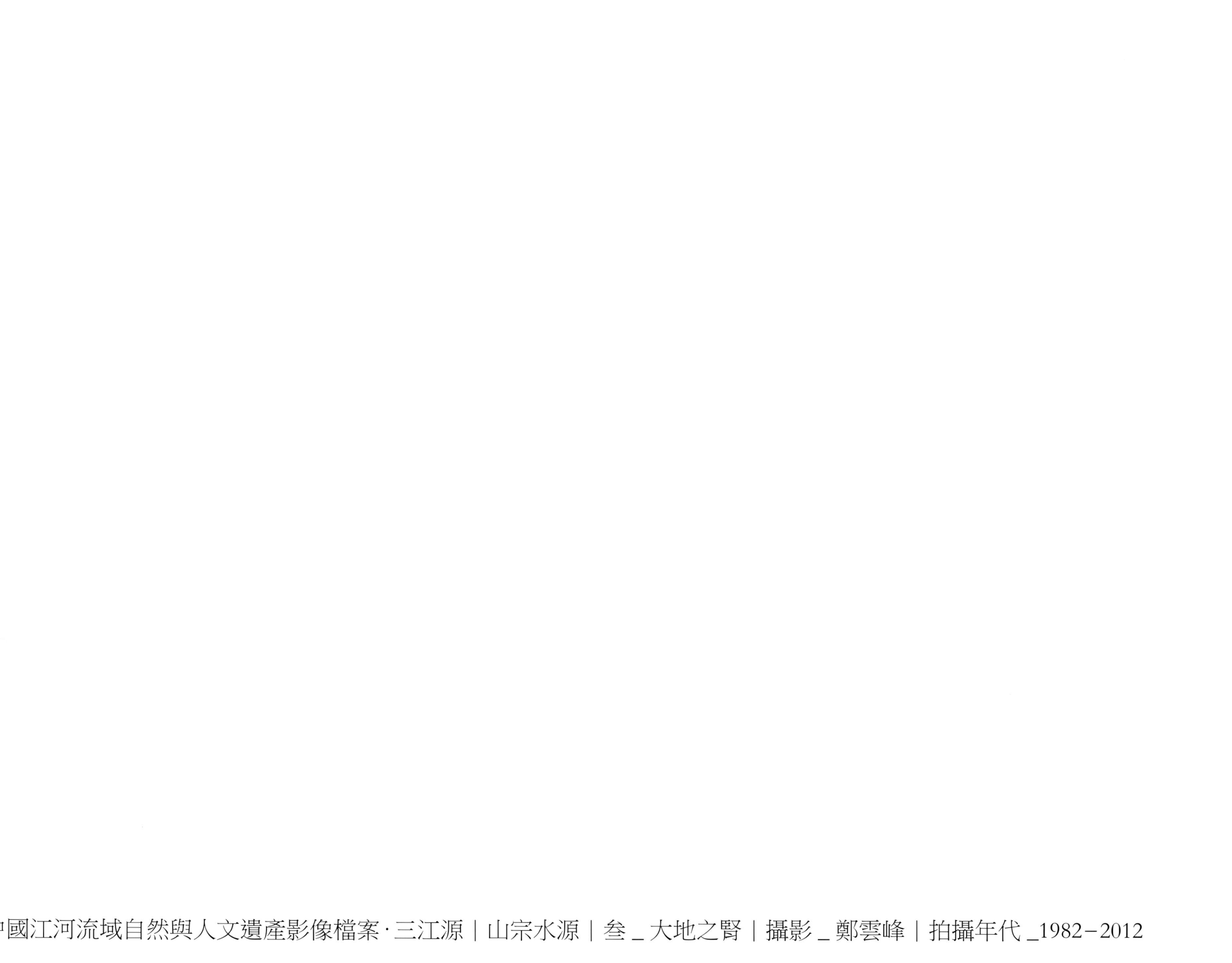

今天，這首詩已被譜寫成歌曲廣爲傳唱。

黑頸鶴是一種嚴格恪守一夫一妻制的涉禽：如果配偶已亡，另一隻鶴會終生獨身：或獨自飛翔鳴叫，或爲鶴群充當哨兵。

隆寶湖一九八四年成爲省級自然保護區，一九八六年晉升爲以鶴類爲主要保護對象的國家級自然保護區是三江源的中心保護區之一。這裏有黑頸鶴、黑鸛、鬍禿鷲、白尾海雕、玉帶海雕、大天鵝、高山兀鷲短耳鴞、縱紋腹小鴞、斑頭雁、藏雪鷄、禿鷲、獵隼、赤麻鴨、潜鴨、綠頭鴨、秋沙鴨、棕頭鷗、紅鷸等野生鳥類三十多種，然而這裏的真正主人却是黑頸鶴。在當地藏族群衆的生活中，不論是流傳千的唐卡［卷軸畫］，還是描繪在藏櫃上的長壽圖，黑頸鶴都是畫面中必不可少的吉祥動物。

一八七六年，俄羅斯探險家普爾熱瓦爾斯基首次在青海湖畔發現黑頸鶴，這是全球被最晚發現的一鶴，這也使世界鶴類總數達到十五種。因黑頸鶴數量極其稀少，目前已被列入世界《瀕危野生動物物國際貿易公約》亟需拯救的瀕危物種，亦被列入中國《國家重點保護野生動物名錄》一級中。一九九年，青海省人民政府决定將黑頸鶴定爲『省鳥』。

▼ 黄河遺珠：貴德與循化

貴德與循化是黄河最爲『青睞』的兩塊土地：它流連徘徊，依依不捨，留下無數饋贈；賜予富饒、寧與美麗。

貴德縣屬青海省海南藏族自治州，其名意爲『以和爲貴，重在養德』。

所謂『天下黄河貴德清』。河水之清既緣於上游草原良好的植被——它們有效地攔截了泥沙；也緣於龍峽的沉澱；還緣於貴德的地形地貌——地勢平緩，使河水對兩岸的衝刷很輕微，因而混進河中的泥沙稀少

黄河自多隆溝入境，由西向東呈『弓』字形穿過貴德，至松巴峽出境。它對這個河谷盆地非常慷慨，了無數濕地，還饋贈了森林以及壯觀的溶蝕地貌和丹霞地貌。

貴德『黄河清』濕地公園依托黄河森林公園和濕地而建，總面積約五十五平方公里。其中，黄河夾及兩岸灘塗濕地面積約二十六平方公里；湖泊濕地面積一點六平方公里；沼澤濕地面積六平方公里整個濕地公園以千姿湖爲中心：清清黄河，片片濕地，叠翠山嶺，珠聯璧閤，宛如江南畫卷，無數物蓬勃生長，衆多動物自由栖息，堪稱生命天堂。

循化縣是撒拉族人世居之地，是中國唯一的撒拉族自治縣。縣境四面環山，林谷相間，平均海拔千三百米，最低處爲一千七百八十米。由於受賜於黄河的滋養潤澤，成爲青海省最爲繁茂潤澤的地區之

黄河在循化縣也非常清澈，而且同樣慷慨：它遺留的片片濕地植被茂密，風光秀美，資源豐沛。母親使這片撒拉族世代繁衍生息的綠色家園愈加美麗富饒。

瑪多縣境內，過去湖沼無數，美麗壯觀，如今許多湖泊和海子已經萎縮乃至消失。

1984.7

黃河源頭是草甸、濕地的世界。春夏之際，綠草如茵，水流潺潺，生機勃勃。

2005.11

2009.9

地處柴達木盆地的可魯克湖是一個淡水湖，但水質微鹹。此湖的一大特色便是淺水處長滿了茂盛的蘆葦。夏天時，蓬勃的蘆葦隨風搖動，綿延數十公里。

黃河流經貴德 78.8 公里，沿黃河兩岸特別是拉西瓦至阿什貢段形成了眾多濕地：灌叢濕地、森林濕地、湖泊濕地、平原濕地等。

唐蕃古道上的溫泉鄉，過去叫“暖泉驛”。地下岩縫中冒出熱氣騰騰的泉水，千萬年來流淌不息。

中國江河流域自然與人文遺產影像檔案·三江源 | 山宗水源 | 肆_聖湖海子 | 攝影_鄭雲峰 | 拍攝年代_1982-2012

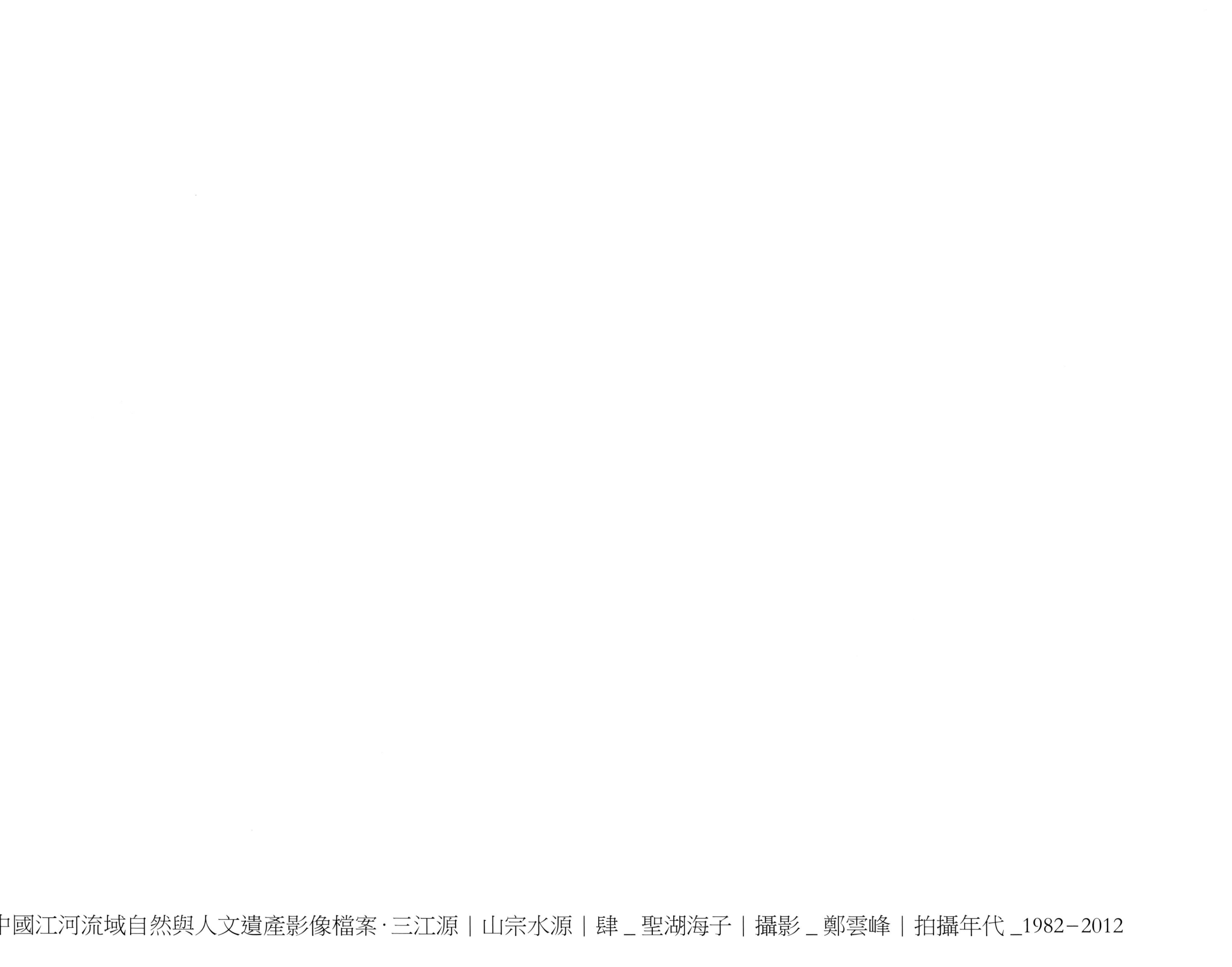

▼ 千湖之國：可可西里

青藏高原是中國湖泊分布最爲密集的區域：大於十平方公里的湖泊有三百五十一個，總面積三六千九百平方公里，占全國湖泊總面積的百分之五十二。青海湖、鄂陵湖、扎陵湖、納木措、色林措扎日南木措、當惹雍措、羊卓雍措、昂拉仁措以及班公湖等著名大湖在青藏高原上星羅棋布，而在青高原，湖泊最爲密集的區域當數可可西里。

提起『千湖之國』，人們會馬上想起芬蘭，百分之八的湖泊覆蓋率讓它享譽全球。誰曾想，在地球海最高的地方也有這麼一片土地，百分之七點七的湖泊覆蓋率比起芬蘭來也不遑多讓，這就是——中的可可西里。

水是生命之源，密集的湖泊造就了可可西里優越的自然生態環境。

崗尕梅朵措［意爲雪蓮花湖］的湖畔常有雪蓮生長；赤布張措［意爲水橋湖］形似水橋的湖體孕育無數生靈；烏蘭烏拉湖中游弋着珍稀的高原裂腹魚；太陽湖是青海最深的湖，也是可可西里唯一的淡湖……

『納木措』是藏語，與它的蒙古名字『騰格里海』均爲聖湖、天湖之意。它位於念青唐古拉山主峰以的藏北高原上，是中國第二大鹹水湖，其面積達一千九百六十二平方公里。納木措是世界上海拔最高湖泊，其海拔更是高達四千七百一十八米，是真正的天湖。

傳說，納木措的湖神——多吉貢扎瑪是念青唐古拉山山神的王后，藏曆羊年又是山神與神后的本命年因此信徒們相信，在這一年轉湖，會有非常大的功德。

▼ 神話的濫觴之地：西天瑤池

一提起瑤池，人們馬上就會聯想到西王母舉辦的蟠桃盛宴上，各路神仙們醉飲瓊漿的憨態；也會聯想她接待周穆王時鋪排的盛大場面……在無數的神話傳說中，昆侖山總是與西王母連在一起。昆侖山因王母而充滿深厚的文化底蘊，魅力無窮；西王母因昆侖山而完美多姿，光照世界；中華文化因昆侖山燦爛豐富，因瑤池而神奇瑰麗。

據說，西王母是遠古時的部落酋長，居住在昆侖山。《山海經》描述：『西王母其狀如人，豹尾虎齒善嘯，蓬髮戴勝，是司天之厲及五殘。』這種人獸結合的形象，旨在突出她的威猛，或者說明她的部以虎豹爲圖騰。

隨着時間的推移，在幾千年來的各種記載中，西王母成了美女、天仙、神靈、菩薩、王母娘娘，成了善美的化身，成了音樂舞蹈的創造之神，尚宋教雍的度母……總之備受儒釋道三教信眾的推崇。

中國江河流域自然與人文遺產影像檔案·三江源 | 山宗水源 | 肆 _ 聖湖海子 | 攝影 _ 鄭雲峰 | 拍攝年代 _1982–2012

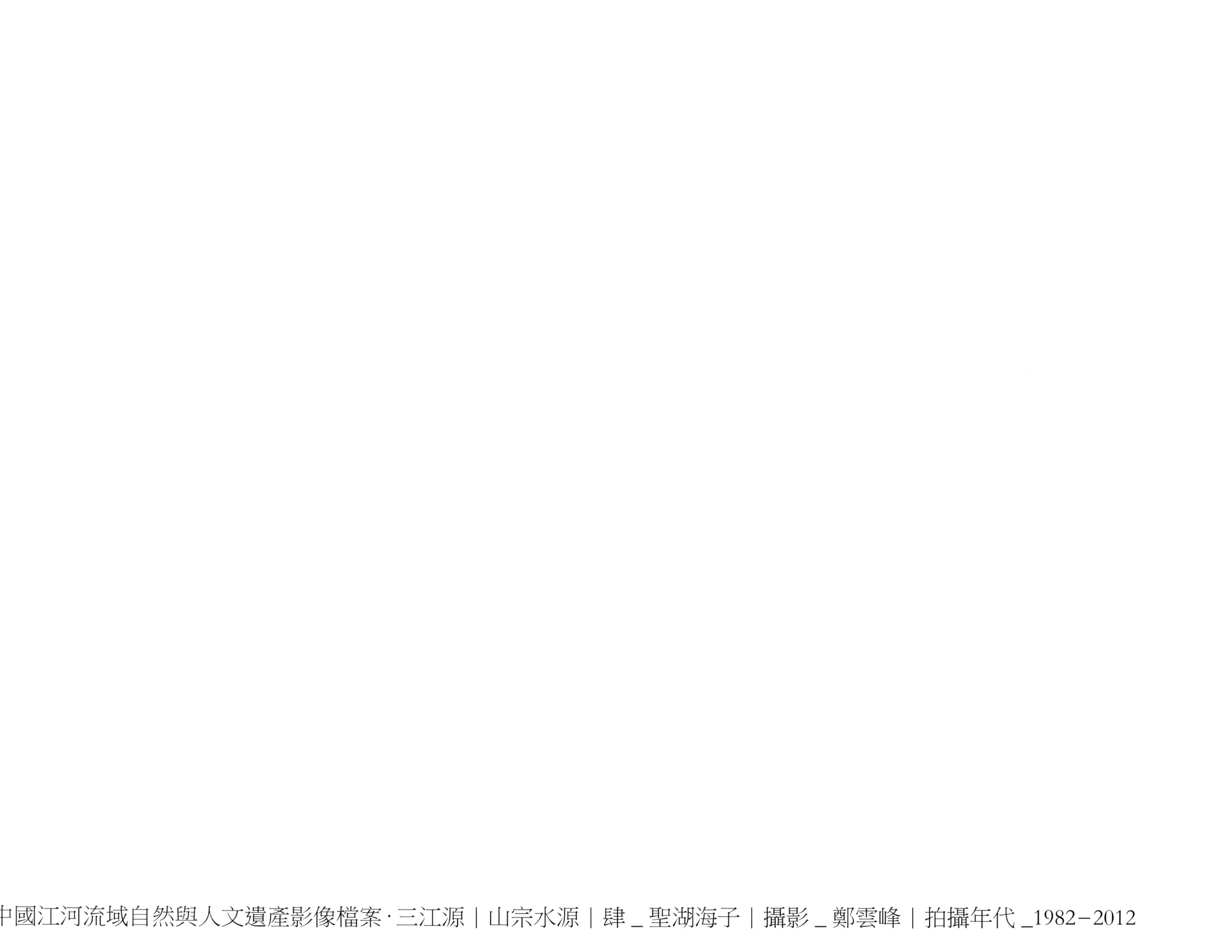

真正的瑤池，是在昆侖河源上道教名山——玉虛峰西北的一汪高山平湖。此湖東西長十二公里，南北寬

公里，海拔四千五百八十米，湖水深達一百零七米。湖水綠如翡翠，波光粼粼，早晚霧氣蒸騰，雲彩

過湖面，頗有幾分神秘；湖面上水鳥翻飛翱翔；湖畔水草豐美，有野牛、黄羊、野驢、藏羚羊、棕熊

幾十種野生動物在這一帶生活。

瑤池之水，冰冷刺骨。湖旁有一平臺，一丈見方——這就是傳說中西王母大擺蟠桃宴的石玉案。

▼ 天然化工廠：大小柴旦湖

土爾根達坂山下，大柴旦湖和小柴旦湖[1]像兩顆燦爛的明珠鑲嵌在柴達木盆地裏。兩湖景色優美，

含硼、鋰、硭硝、鈉鹽等資源。一九六三年，科學家在大柴旦湖濱發現了假六邊形章氏硼鎂石和尖棱

體的水碳硼石——在世界上，這是中國首先發現的新礦物，豐富了世界礦物學的目錄。

小柴旦湖景觀獨特，夏秋之際，湖邊會出現一圈耀眼的白霜，如同藍寶石鑲了一道銀邊——這是湖

滲透析出的硭硝，經風化脫水，變成了硭硝粉末；此時若用笤帚掃集，即可供工業使用。湖邊蘆葦叢

岸草萋萋，招來成群的野鴨和天鵝。天鵝的居所十分講究，蘆葦造就的『走廊』『客廳』『臥室』，

淨又整齊，充分體現出它們愛美的習性。

小柴旦湖裏，硼的含量曾經高達百分之八十，因此，湖區曾是中國的硼砂基地。二十世紀六十年代初

此地硼砂廠大幹正酣。在『傾家蕩產保硼砂』的口號下，六千多人燒着千口鐵鍋，沿大小柴旦湖一

上百公里，擺開陣勢『土法』煉硼。在一派火光烟霧，人聲喧嚷之中，硼礦堆成了小山。每年從兩

煉出的硼砂達到六萬多噸，據說曾爲國家償還了一筆巨債。

大小柴旦湖精華將盡：現在硼砂儲量所剩無幾，已退化爲百分之十品位的貧礦。除硼砂外，小柴旦

的又一功績，是一九八二年這裏發現了舊石器時代的原生層位，當時還出土了兩萬三千多年前古人

使用過的刮削器、雕刻器、砍砸器等石製品。

▼ 玉璧情人：可魯克湖和托素湖

可魯克湖和托素湖如同一雙玉璧，鑲嵌在懷頭他拉草原上。傳說中，他們是一對情人：少女溫柔美麗

少年英俊强壯，他們深深相愛。愛情是凄美的：少年死去，化爲托素湖；少女殉情，化爲可魯克湖。

女臨終前努力爬向情人并伸出手臂，指尖碰觸到情人的刹那間，少女死去；她的玉臂化爲一條小河，

此與情人血脉相連。

『可魯克』是蒙古語，意爲『多草的芨芨灘』，也有人解爲『水草茂美的地方』。可魯克湖是一個

鹹性淡水湖，面積爲五十二平方公里，平均水深二米；水色清澈，湖面平靜，水草豐茂，有[illegible]之美

中國江河流域自然與人文遺產影像檔案·三江源 | 山宗水源 | 肆 _ 聖湖海子 | 攝影 _ 鄭雲峰 | 拍攝年代 _1982–2012

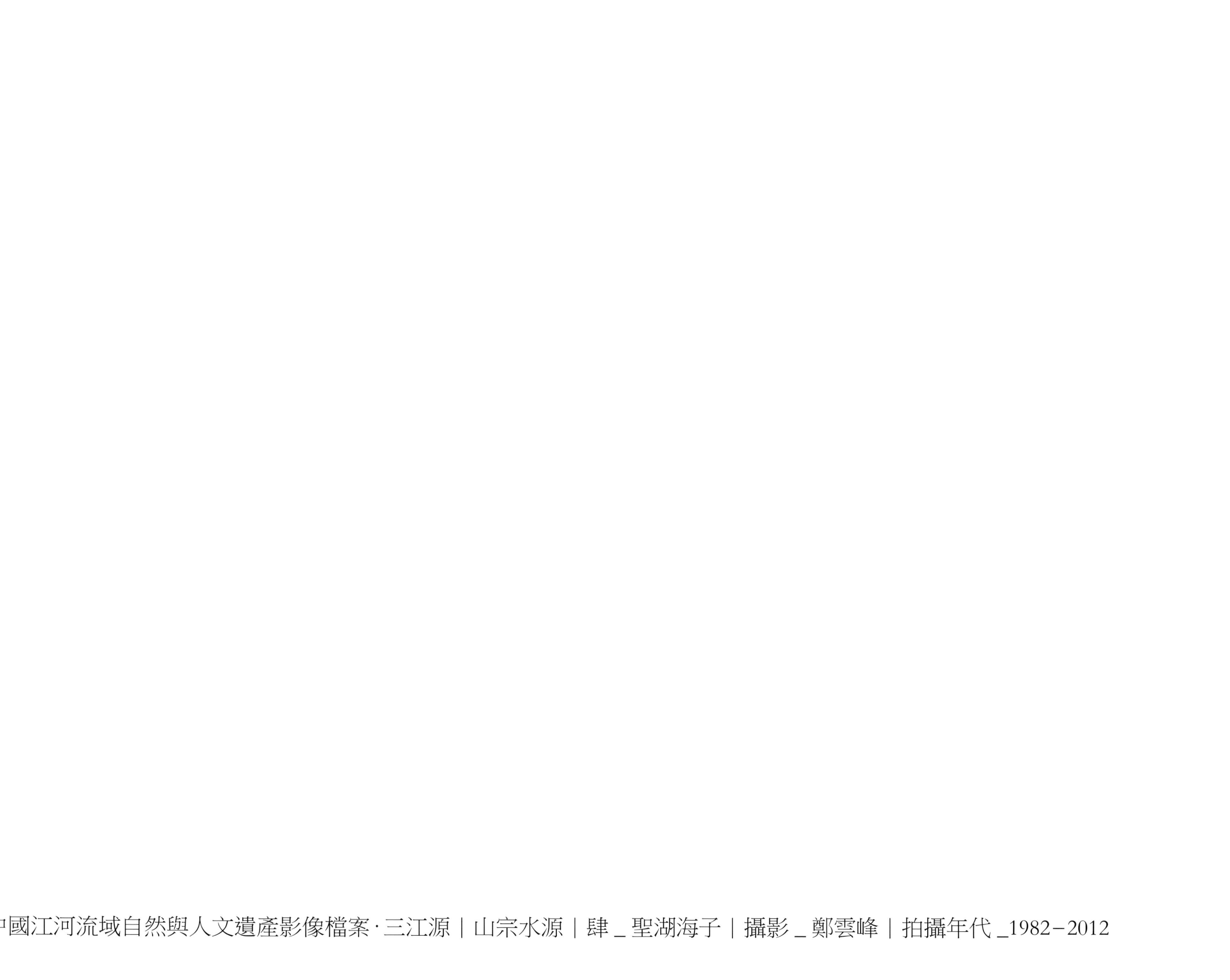

女脖頸上綠色的綢巾。

可魯克湖是一個外泄湖，巴音郭勒河的水在湖中迴旋之後，從南面的低窪處流入托素湖。

這條七公里長的小河就是上文傳說中少女的玉臂。

『托素』也是蒙古語，意爲酥油。托素湖的面積比可魯克湖大三倍多，是一個典型的高原內陸鹹水湖湖中含鹽量很高，極少動植物，周圍也是一望無際的戈壁灘，荒涼寂寥，寸草不生。托素湖湖面遼闊無遮無攔：晴天時，烟波浩淼，水天一色；大風起時，浪濤洶涌，拍岸有聲，頗有陽剛之氣。

▼東方大鹽湖：察爾汗湖和茶卡湖

中國的池鹽多在青海，青海的池鹽則集中在柴達木盆地。『柴達木』在蒙古語中意爲鹽澤，就是鹽水聚的盆地。

晚期的喜馬拉雅造山運動，使海水退出柴達木盆地，印度洋的暖流又被阻隔於喜馬拉雅山之南。斷裂乾旱，大於降水量上百倍的蒸發量……各種自然因素共同作用，在柴達木造就三十多個鹽湖，各種鹽總儲量在一千億噸以上。一個區域內積聚着這麼多的鹽湖群，蘊藏着如此多的稀有元素，舉世罕有匹！按大類分，柴達木的鹽湖中有鉀鹽、鋰鹽、鈉鹽、鎂鹽、硼鹽；以色彩、形狀分，有白鹽、紅鹽青鹽、黑鹽、雪花鹽、粉條鹽、珍珠鹽、葡萄鹽、玻璃鹽、水晶鹽……柴達木有七種礦產居全國之首而其中六種就出自鹽湖。

察爾汗鹽湖距格爾木市六十公里，其南北寬二十公里，東西長一百八十公里，面積達五千六百五十八方公里。察爾汗鹽湖食鹽儲量達六百億噸，够目前全世界人口足足吃上兩千年！察爾汗鹽湖是世界上大的內陸乾鹽湖，食鹽、鉀、鎂的儲量超過了美國大鹽湖，年產鉀肥達國內總產量的五分之一。察爾鹽湖的鉀鹽儲量占全國的百分之九十七，是中國唯一的鉀鹽基地。通常鉀鹽祇產生於深海的海底，察汗鹽湖却打破了這個規律。一九五七年十月二日，中科院鹽湖科學調查隊來到察爾汗鹽湖，已故著名學家柳大綱和著名鹽湖研究學者鄭綿平院士，在這裏發現了儲量巨大的鉀鹽礦，從此，結束了中國有鉀鹽的歷史。

實際上察爾汗的鹽是接近於取之不盡，用之不竭的，因爲格爾木河裹挾着昆侖山的礦物質不停地補充來，形成了采了又生的礦床。

陽光下，鹽田特別壯觀——鵝黃、淡綠、翡翠、金紅糅在一起，呈現出童話般的絢爛和神奇。雖說見一株草，但鹽花在鹵池邊展現出永恒的風景：鉀鹽、鈉鹽、光鹵石結晶體，如寒梅、秋菊、牡丹迎春花……艷麗奪目地開在一起。

人們說『不留鹽橋，不算到過柴達木』一座舉世無雙的鹽橋，長達三十二公里，折合中國度

中國江河流域自然與人文遺產影像檔案·三江源｜山宗水源｜肆_聖湖海子｜攝影_鄭雲峰｜拍攝年代_1982-2012

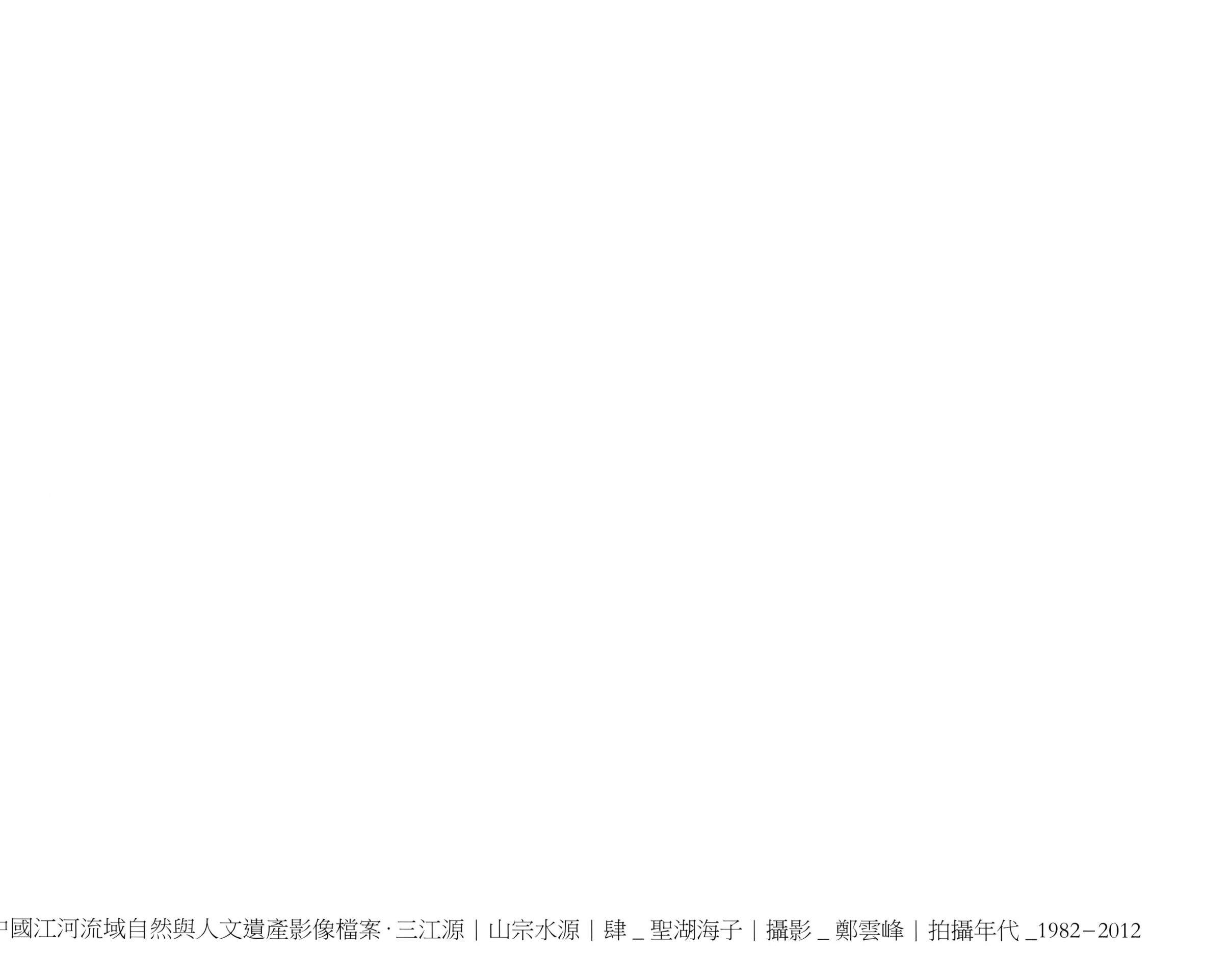

鋪一塊水泥板；承載能力却超過了任何現代化橋梁，每平方米可承重達六千噸以上。鹽橋養護簡單，省錢又省力：當橋面出現坑窪，道班工人祇需從路邊鏟些鹽撒在裏面，再從溶洞裏舀幾勺鹵水澆上，鹽粒便很快溶化。太陽一曬，坑窪就平復了，真是比鋼筋水泥橋還要平整堅固！

茶卡鹽湖像一個巨大的白玉盤鑲在戈壁雪山之間，這個『盤』有十七個杭州西湖那麼大。

『茶卡』是藏語，意爲鹽池，其鹽又稱『青鹽』。青鹽雖產地偏遠，却名列史籍：明代李時珍在其傳世之作——《本草綱目》中推其爲『鹽中之首』；清代名著《紅樓夢》中，大觀園的公子小姐們，漱口用的就是茶卡青鹽。

茶卡鹽湖景色秀美，迷蒙如拂曉海面；鹽蓋如無際雪野。傍晚站在鹽湖之上，唯見采鹽船的光柱把湖分成片段；將鐵青色的遠山『剪貼』在蔚藍色的天幕之上。

▼ 青青之海：夢幻青海湖

如夢似幻的青海湖，面積達四千五百多平方公里，是中國最大的內陸湖泊，也是中國最大的鹹水湖。

遠古的青海湖本與黃河相連，但在後來的造山運動中，它不但變成巨大的湖泊，更成爲環湖地區各人民心目中的神聖之湖。蒙古人叫它『庫庫諾爾』，藏族人稱它『措溫布』，都道出了青藍色的湖一特點。

青海湖最深處爲三十二點八米，平均水深二十一米。純净的水祇有深達五米以上，纔會呈現淺藍色，想看到青的顏色，那麼水要更深纔行。因爲祇有足够深的水纔能把可見光中的紅橙黃等長波光綫吸收祇把偏於短波的紫青綠色反射出來。與青海湖相較，中國五大淡水湖的深度就差遠了。以太湖爲例，最深處不過五米，平均水深不過三米。青海湖的水，既區別於大海的蔚藍，又异於其他內陸名湖的綠；它是湖與海的完美結合，青得深沉，藍得高潔。《湖沼學》的作者——瑞士日內瓦大學地質學授高萊曾說過：『青的顏色在湖泊中是相當少見的，而綠的顏色則時常可見。』青海湖不但是湛湛的色，而且如大海一般浩大，這真是中華民族的驕傲！

環湖景點很多，如因文成公主而馳名的日月山、倒淌河，吐谷渾東都——伏俟城，青海湖的『母親』—布哈河草原，聞名遐邇的鳥島奇觀，王洛賓譜寫《在那遙遠的地方》時采風時所到的金銀灘，首次研『兩彈』的原子城，中國保存得最完整的西漢古城——三角城，以及沙島、沙陀寺、石堡城、海心山仙女灣以及五世達賴的『聖泉』等等。

海心山，青海湖中的寶島之一。島上建有廟宇，有僧人、佛堂和香火。以前每年冬季，僧人踏冰出湖置辦全年糧食及生活用品，再回到島上，過着與世隔絕的生活；現在有船艇運輸，隨時都可補充給養

海心山面積祇有零點五平方公里，山因古有名，是古代收藏寶馬之地，又稱『龍駒島』，隋煬帝曾

中國江河流域自然與人文遺產影像檔案·三江源 | 山宗水源 | 肆 _ 聖湖海子 | 攝影 _ 鄭雲峰 | 拍攝年代 _1982–2012

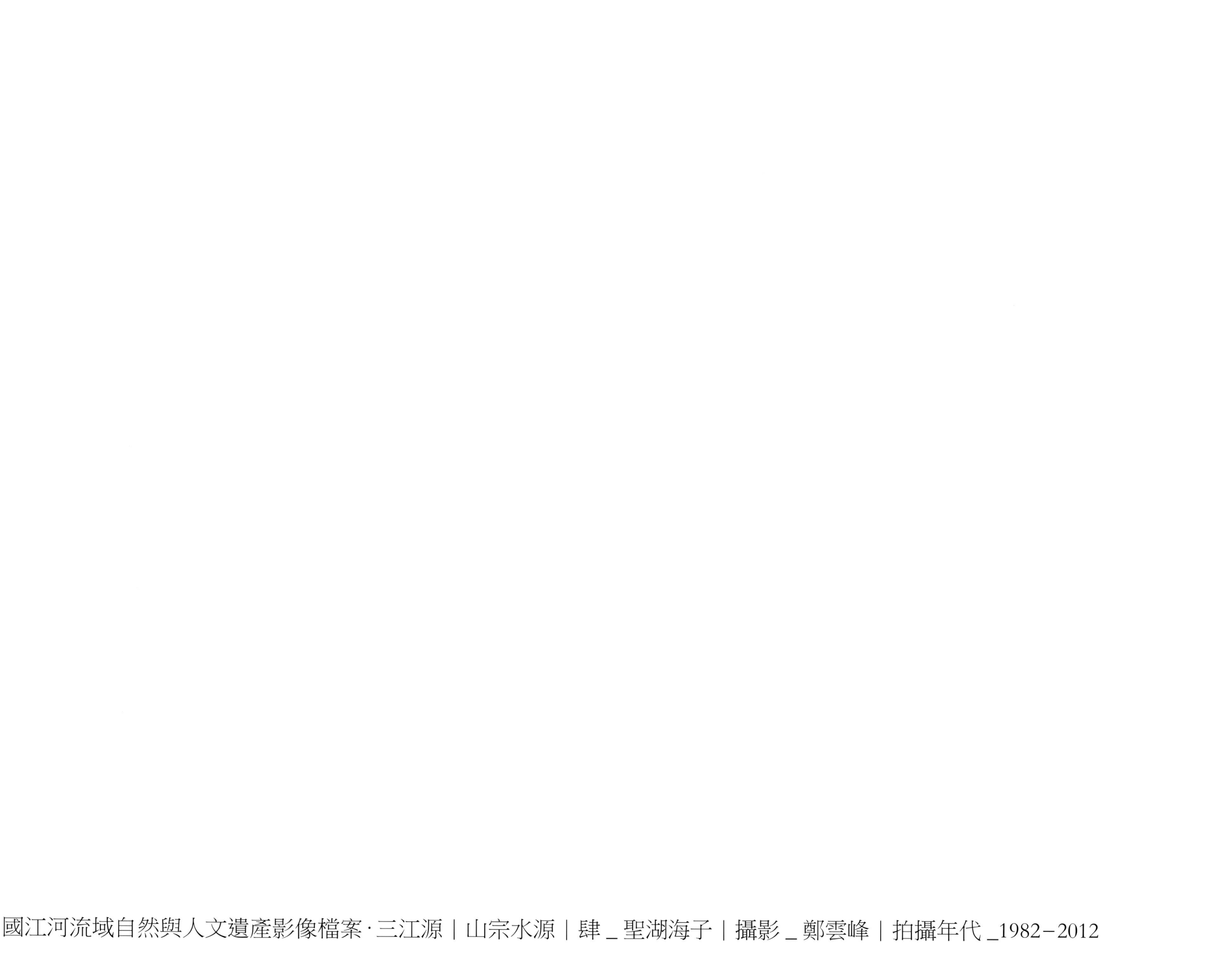

越來越小；但龍駒島名聲猶存，靜靜地矗立於萬頃碧波之中，安守着美麗的傳奇和久遠的秘密。

鳥島坐落於青海湖西北隅，位居中國八個鳥類保護區之首。

鳥島主要由海西山〔又名蛋島〕與鸕鶿島組成。每年四五月份，海西山便熱鬧异常，斑頭雁、鸕鶿、頭潛鴨、海鷗等從中國江南地區及東南亞、印度、尼泊爾等地飛來產卵、孵雛。十萬遠客在島上繁衍息，擠擠挨挨，以致難以落脚。秋天，雛鳥長大，它們南飛越冬；冬雪飄飄時，湖面冰封，鳥島又成高蹈中的天鵝的領地，它們在島上越冬，翌年春天離去。

在鳥島的東北端，一面峭壁矗立湖濱；春夏之季，有上萬隻鸕鶿生息在礁崖上，形成一個鸕鶿部落，名鸕鶿島。

除了年年往來的候鳥，島上還有過路鳥類暫駐栖息，最多時達八萬隻以上，鳥島成了它們往返的食宿點有的在湖灘歇息一宿，就匆匆趕路；有的在這裏補充食物，恢復體力，流連一些日子，再飛往目的地

在這萬鳥競翩的王國周圍，生活着對這些生靈備加呵護的藏胞。鳥島周圍便形成了人、鳥、魚和諧共的生活環境，終成鳥類的天堂。

青海湖名聞天下，可是對於青海湖的『母親』——布哈河，知道的人却并不多。

布哈河從疏勒南山的冰川雪嶺流出，蜿蜒曲折，把沿途二百三十公里積攢的清泉、雪水、細流，統統入青海湖中。青海湖每年的水源補給量是四十億立方米，其中一半來自布哈河。布哈河保住了青海湖『青春』，維持了湖中及周邊生物的繁衍。

布哈河是青海湖裸鯉——湟魚的搖籃。青海湖裸鯉是淡水中產卵，鹹水中生長的獨特魚種。每年春末青海湖裏的裸鯉成群結隊，溯流而上，在溫暖的布哈河淡水中產卵。一時間，大小河道魚群雲集；等魚長成後，裸鯉再游回青海湖。

布哈河也哺育了海西最大的天然牧場——天峻大草原，這裏是四十多萬頭牛羊的樂土；也是白唇鹿黑頸鶴、赤麻鴨、松鷄、天鵝等幾十種野生動物賴以生息繁衍的家園。

在青海湖周邊生活的人們心目中，環青海湖地區還曾是西王母的居在，青海湖也是她曾經沐浴過的西瑤池。傳說中的青海湖故事和昆侖山中的瑤池一樣，形成了東西兩個瑤池的美麗傳說。至今，在藏區些人的觀念中，青海湖還是衆人嚮往的理想國——香格里拉的所在……

被稱爲“生命禁區”的可可西里，實際上是中國湖泊密度最高的地方，面積超過 1 平方公里的湖泊就有 70 多個。圖爲可可西里境內的勒斜武擔湖。

扎陵湖與鄂陵湖地區海拔 4300 多米，高寒、遼闊，呈現出一種壯觀、孤絕之美。

茶卡鹽湖位於青海省海西州烏蘭縣茶卡鎮，是古絲綢之路上的重要站點，因盛產“大青鹽”而聞名於世。

孟達天池在青海省東部的循化縣，這裏的孟達林區是黃河上游森林生態系統水源涵養林。孟達天池形成的原因，一般被認爲是第四紀冰川消退後堰塞而成。

2005.8

尾·聲

三江源，天設地造，山宗水祖，是孕育無數生命的搖籃。在長江、黃河和瀾滄江這三條大江河伸展的枝蔓上，盛開過無數繁茂的文明之花，結出過無數豐碩的文明之果。三江源以它源源不竭的乳汁和心血澆灌着神州大地及東南亞諸國，爲古老的東方傾盡所有

長江、黃河和瀾滄江是我們的母親河；三江源地區對華夏民族的恩德更勝過母親。今天，當每一個中華兒女面對這神山聖水擔承着的高恩厚德，都應有感念之心；都應竭盡全力去保護它，呵護它，以

編・後・記

本書編委會

爲三江源地區編寫圖像志，傳神寫照，然後自源頭而下，以點帶綫，以綫帶面地沿着中華民族的母河——長江、黄河和瀾滄江書寫我們民族自己的圖像志，這個想法萌生於一九八二年，正式編纂工則始於二〇一〇年。

經過三年多的撰寫、選圖、編輯工作，二〇一三年九月，《中國江河流域自然與人文遺産影像檔案·江源》這十本充滿體量感的大書終於呈現於讀者諸君面前。此前則是攝影家鄭雲峰先生長達三十一年家捨業，篳路藍縷，餐風茹雪的艱苦歷程。他滿頭的青絲，如今已蒼蒼如雪，未曾改變的唯有不已的心和脚下漫漫的長路。

如今，我們從雲峰先生海量的圖片庫裏，分門別類，擇其菁華，結集出版，名曰『影像檔案』，一定度上實現了前述目的，也實現了雲峰先生的夙願，編者尤感欣慰！

譬如藝術家，每個人都有自己的絶活，技藝、風采面面不同，這十本書就是十個藝術家，在這紙質的臺上，給讀者諸君奉獻了十齣精彩的節目。

我們將這個書系定名爲『中國江河流域自然與人文遺産影像檔案』是有所考慮的。

江河湖海不但是生命之源，還是文化之源。正如馮驥才先生［中國文學藝術界聯合會副主席］在序言所説：『人類的源頭在江河的源頭裏；人類的歷史在江河的流淌中。一旦人類離開了這些江河就必然亡，所以人們稱這些最本源的河流爲——母親河。』既然如此，母親河的流域必然是民族文化的淵藪奔騰不息的母親河不但供給生活於這片流域的人們得以生存的水源，還日復一日地塑造着他們的性格襟懷，完善着他們的精神世界。這個榮耀的名單裏有歐洲的伏爾加河和多瑙河，非洲的尼羅河和剛河，美洲的密西西比河和亞馬遜河，亞洲的幼發拉底河、底格里斯河、印度河和恒河，當然，還有我中華民族的黄河、長江和瀾滄江［湄公河］。

之所以稱『自然與人文遺産』，乃是因爲本書輯錄的圖片，所反映的内容大都已經時過境遷，産生了化，有的甚至已經不存在了，無論是自然景觀，還是民俗文化，都産生了這樣的結果。比如江源人民服飾［見《高原彩虹》卷］，像狐皮帽、水獺皮氆氌、豹皮邊飾……進入二十一世紀，慢慢不存在了因爲人們的環保意識不斷提高，也因爲野生動物的數量在逐年減少。再比如該卷中多民族的服飾，現也發生了不同程度的變化，傳統服飾逐漸爲時尚的現代服飾所替代。還有江源民族的栖居方式［見《意栖居》卷］，原先游牧的生活已經改變了，他們住進了磚瓦房，用上了各種各樣的現代化電器，放也騎上了摩托車，開上了卡車。更不必説《山宗水源》《錦綉極地》中的影像，幾乎可以説是夢、幻泡、影……消融的雪山、退縮的冰川、乾涸的湖泊、風化的岩石、大面的沙丘，還有乃退化的草

留下這十本大書，將這些變化記錄在冊，就像歷史學家秉筆直書一樣。創作者對於三江源所發生的種變化，是作爲親歷者進行觀察，并將之記錄下來，最終彙集成視覺的資料集，以資專家和研究者們發闡幽，管中窺豹，將來以更爲準確的文字將圖片記載的內容，隱含的寓意闡發出來，抑或藝術家、文家們在欣賞這些圖片時，觸發靈感，創作出優秀的作品。這就是『檔案』的含義所在了。

關於宗教藝術，本書在擷選圖片并撰寫圖片注釋時，也有一些考慮。很多的優秀宗教藝術品，如唐卡其製作年代和作者已多不可考，我們僅能從畫面內容上辨識出些許蛛絲馬迹，撰寫圖片注釋時，頗感難，亦不能不留有『餘地』。此外，在學界研究存在爭議的問題上，本書也留有一定餘地。如關於滄江源頭的描述［《錦綉極地》卷］，序言作者［鄭度院士］的觀點與正文作者并不一致，本書未作一處理。再如一些古代墓葬存在歸屬爭議，本書亦避免鑿鑿予論。此類問題還有一些，篇幅所限，不贅述，尚乞讀者諸君諒解。

總體而言，本書的文字是引導式的，記錄式的，這也是葛劍雄先生在主持本書編委會期間一再强的——文字可以仁者見仁，智者見智，但决不可畫蛇添足。

本書采用中文繁體字，亦有所考慮。三江源是中華民族的母親河之源，文化之源，這筆財富不僅屬於住在祖國土地上的人們，還屬於廣大的海外僑胞。以繁體字的形式出版，正是爲了一個目的，那就是全世界的中華民族兒女，都能够從這個書系中認識三江源，引發他們熱愛三江源，珍視三江源，宣傳江源，保護三江源，爲我們民族有這樣偉大的土地而深深自豪的情感。

本書嚴格遵照國家語言文字規範，摒棄了『並』『佈』『為』『遊』『夠』『裡』『卻』『淚』『線』『疊』『佇』『傑』『異』『潛』等近一百個异體字，但保留了部分舊字形，如『差』『起』『別』『搖』『吳』『黃』『角』『過』『雪』『花』『錄』『呂』『溫』等，如前文所述，這是出於在海推廣傳播的目的，由於本書題材和篇幅的關係，這裏就不將之整理成表，一一列出了。

爲了便於讀者閱讀，編者謹慎地加了注解。關於地名，編者參考了中國地圖出版社出版的《新編中國圖冊》；一般性詞語和古漢語解釋，編者參考了商務印書館出版的《現代漢語詞典》和《古代漢語詞典》佛教術語，編者參考了鳳凰出版社出版的《佛教大辭典》；關於歷史資料，編者則參考了漢語大詞典版社出版的《二十四史全譯》及九州圖書出版社出版的《二十六史大辭典》。

比起鄭雲峰先生海量的三江源圖庫，本書輯錄的不過是九牛一毛，即便如此，亦居然有十卷之巨。爬剔抉，精華中選出精華，固知成一書之難了。十卷之中，兩卷爲自然遺產，八卷爲人文遺產，這也符我們『以人爲本』，從人類文化的視角審視宇宙人生的原則，正如古聖先賢老子所說：『故道大，天大地大，人亦大。域中有四大，而人居其一焉。人法地，地法天，天法道，道法自然』。本書起于《山水源——中國三江源地區自然地質風貌》，終於《頂禮大地——中國三江源地區宗教活動》，這正强調了大地對於人類文明的重要性，人類文明的未來，正是要依靠脚下的大地，愛惜它，保護它，我纔有前途。

本書在編輯過程中幸得馮驥才先生在百忙之中創作了精彩的序言，他從『視覺人類學』的角度，提出

葛劍雄先生［復旦大學圖書館館長］從河流『倫理』的角度，强調了三江源作爲中華民族至高無上的『精神母親』的意義所在。王魯湘先生［鳳凰衛視高級策劃］對本書提出了專業性、科普性、文學性和藝術性的『四性』要求，對本書系的編輯風格大有裨益。鄭度先生［中國科學院院士］，霍巍先生［四川大學博物館館長］，林少華先生［中國海洋大學外國語學院教授］，羅桑開珠先生［中央民族大學藏學研究院教授］，喬曉光先生［中央美術學院非物質文化遺産研究中心主任］，石碩先生［四川大學歷史系教授］，于青女士［人民出版社副總編輯］等學者和作家爲本書創作了精彩的序言；石碩先生，馬有福先生［青海省伊斯蘭協會常委］，馬光星先生［青海省民間文藝家協會副主席］，龍仁青先生［青海省《格薩爾》工作委員會委員］、樊穎女士［青海廣播電視臺高級編輯］對本書進行了通讀，在歷史、地理民族、宗教等問題上給予了把關，提出了專業性意見和建議；白漁先生［青海省作協名譽主席］以杖朝之年，勞碌奔波，組織青海省優秀的作家隊伍撰寫文字底稿，并親自潤色；作家鄭立山先生、設計師楊子先生在本書的編輯、改寫和裝幀設計工作之中傾注了大量心血；北京雅昌彩色印刷公司的專業服務爲本書得以保持較高水平印裝質量的牢靠保障……還有許多爲本書出版提供過幫助的人和機構，在此并致謝！

最應該感謝的是雲峰先生，如果不是他三十一年的辛苦付出，我們無法看到母親河源頭沉甸甸的歷史影像，更無由感知三江源跨越三十一年的美麗與憂傷。藉此影像檔案將付梨棗之際，我們向『當代徐霞客鄭雲峰先生致敬！

行文至此，編者非常忐忑，深恐蒹葭倚玉樹之譏。但爲了讓讀者諸君對編纂這十本大書的緣起和原則有所瞭解，只好不揣淺陋，呈文于諸君之前，以爲引玉之磚，懇請諸君針砭斧正。

山曰水曰筆授　二〇一三年五月二十一日深夜

中國當代人文地理攝影家，1941 年生於安徽蕭縣。

英國皇家攝影協會高級會士，中國攝影家協會會員，原江蘇省攝影家協會副主席。

○

從上世纪 80 年代始，鄭雲峰就致力於長江、黄河和瀾滄江等大江大河的記錄性攝影工作

拍攝了這些江河流域内的自然地理、生命狀態、歷史遺存、

宗教信仰、民俗傳承等内容的珍貴圖片 20 多萬幀。

○

1997 年 2 月，鄭雲峰趕在長江三峽工程蓄水之前，搶救性拍攝記錄了三峽地區自然和人文的

他打造了一隻小木船，過上了“日飲長江水，夜宿峽江畔”的生活；

他花了七年半時間拍攝了 5 萬多幀圖片，爲國家和民族留下了不可再得的珍貴歷史影像

○

出版有《永遠的三峽》《守望三峽》《唐蕃古道》等著作 11 部；

在中國大陸、香港、臺灣等地區以及歐美數十個國家和地區舉辦了

“永遠的三峽”“擁抱母親河”“母親河的呼喚”等大型影展。

○

近年來先後穫得“中華文化人物獎”“中國攝影五十年突出貢獻攝影家”

“中國國家圖書獎”“中國民間文化守望者獎”“中國攝影傳媒人物大獎”“中國當代徐霞

“文明中國 · 杰出攝影家獎”等國家榮譽。

＊ 白漁 ＊

原名周問漁，四川富順人；

1958 年大專畢業後到青海省工作，2008 年退休。

當過技術員、編輯，现爲專業作家。

歷任青海省作協秘書長、副主席、榮譽主席及省政協常委等職務。

1955 年開始文學創作，1979 年加入中國作家協會。

○

人民文學出版社、中國青年出版社、中國文聯出版社、作家出版社等 10 餘家出版社

出版了《白漁詩選》《黃河源抒情詩》《江河的起點》《歷史的眼睛》

《黄南秘境》《唐蕃古道》《白漁文存》等詩文集 30 部。

○

素有“黃河源詩人”之譽，曾不斷深入三江源區采風。

世紀 80 年代率先創作大批系統反映母親河河源的作品，在中國文壇具有開拓性意義。

佳作入選《中國新文藝大系》《與史同在》《世界抒情詩 100 首》

《古今中外散文詩鑒賞辭典》等 100 多種大型選集。

穫國家及省部級獎項 10 餘項；

穫“青海省優秀專家”“國家突出貢獻專家”等榮譽稱號。

＊ 葛建中 ＊

青海省作家協會主席團委員，青海省民間文藝家協會理事，副研究員。

主要學術成果有《青海當代文學 50 年》（合著），《青海·神聖三江源》（總撰稿）。

○

自 1984 年發表文學作品始，陸續出版了散文集《最後的藏獒》，

詩集《季節肖像》，長篇報告文學《青藏大鐵路》（合著），

文化地理專著《青海藏獒》（合著）等作品；

合作主編了詩集《我們在一起 —— 青海百位詩人獻詩汶川地震災區人民》等著作；

散文、詩歌、評論、報告文學等作品入選省內外多種文學選集。

○

曾穫青海省“‘五個一’工程獎”，青海省“優秀作品獎”，

青海省“哲學社會科學優秀成果二等獎”，青海省“青年文學獎”，

“全國報紙副刊作品年賽獎”，

青海省“第二屆‘德藝雙馨’文藝工作者”稱號等榮譽。

總顧問：馮驥才
總策劃：鄭雲峰
出版人：孟鳴飛

《中國江河流域自然與人文遺產影像檔案·三江源》

編委會 <按姓氏拼音排序>
白漁｜馮驥才｜高繼民｜葛劍雄｜霍巍｜吉狄馬加｜賈慶鵬｜林少華｜劉詠｜羅桑開珠｜孟鳴飛｜喬曉光
申堯｜石碩｜王川平｜王魯湘｜于青｜鄭度｜鄭立山｜鄭雲峰

顧問：冯骥才
主任委員：孟鳴飛｜鄭雲峰
副主任委員：高繼民｜賈慶鵬｜劉詠｜申堯

主編：白漁｜鄭雲峰

文字撰稿 <按姓氏拼音排序>
白漁｜樊穎｜葛建中｜河平｜劉士忠｜龍仁青｜馬光星｜梅卓｜宋長玥｜唐涓

監修專家：石碩
印務總監：李明澤｜錢麗娜
印務監理：楊建華
圖像處理：蔣賢龍
數字影像檔案館策劃、顧問：解天雪
數字化技術支持：青島出版社數字動漫出版中心
海外版權合作總監：李棟
營銷總監：蔡曉林

鳴謝單位

*

中華人民共和國國家新聞出版廣電總局
中華人民共和國國家文物局
中華文化促進會
中共山東省委宣傳部
中共青海省委宣傳部
江蘇省文學藝術界聯合會
江蘇省中華文化促進會
江蘇省攝影家協會
青海省攝影家協會
北京雅昌彩色印刷有限公司
雅昌藝術網

特別鳴謝單位

*

中共江蘇省委宣傳部
中國攝影家協會
中共青島市委、青島市政府
中共徐州市委宣傳部
徐州市文學藝術界聯合會

鳴謝個人
<按姓氏拼音排序>

*

班果｜蔡徵｜鄧本太｜高以儉｜李曉南｜梁勇
龍仁青｜婁曉琪｜馬有福｜譚躍｜徐毅英｜周賢安

編目（CIP）數據

：中國三江源地區自然地質風貌 / 白漁，鄭雲峰主編 .
：青島出版社，2013.8
河流域自然與人文遺產影像檔案 . 第壹部，三江源）
-7-5436-9176-6

Ⅱ. ①白… Ⅲ. ①河流水源－青海省－圖集 Ⅳ. ① P343.1-64

圖書館 CIP 數據核字（2013）第 054153 號

宗水源 —— 中國三江源地區自然地質風貌
中國江河流域自然與人文遺產影像檔案 · 三江源）
孟鳴飛
漁｜鄭雲峰
雲峰
：葛建中
人
小健｜高萍
：青島出版社
島市海爾路 182 號（266061）
：http://www.qdpub.com
：13335059110 0532-85814750（傳真） 0532-68068754
：申堯（shenyao@126.com）
：王林軍｜立山
：馬有福｜龍仁青｜賀中原｜循川
：長河
：橙子
：北京雅昌彩色印刷有限公司
：2013 年 8 月第 1 版 2013 年 8 月第 1 次印刷
開（635mm×965mm）

0 千
1 幅
3N 978-7-5436-9176-6
00.00 圓

及盜版監督服務電話：4006532017 0532-68068670